Dagmar Schaefer

Ursächliche Prozesse bei der Laserstrukturierung von Dielektrika

Dagmar Schaefer

Ursächliche Prozesse bei der Laserstrukturierung von Dielektrika

Analyse der Brechungsindexmodifikation

Südwestdeutscher Verlag für Hochschulschriften

Impressum / Imprint

Bibliografische Information der Deutschen Nationalbibliothek: Die Deutsche Nationalbibliothek verzeichnet diese Publikation in der Deutschen Nationalbibliografie; detaillierte bibliografische Daten sind im Internet über http://dnb.d-nb.de abrufbar.

Alle in diesem Buch genannten Marken und Produktnamen unterliegen warenzeichen-, marken- oder patentrechtlichem Schutz bzw. sind Warenzeichen oder eingetragene Warenzeichen der jeweiligen Inhaber. Die Wiedergabe von Marken, Produktnamen, Gebrauchsnamen, Handelsnamen, Warenbezeichnungen u.s.w. in diesem Werk berechtigt auch ohne besondere Kennzeichnung nicht zu der Annahme, dass solche Namen im Sinne der Warenzeichen- und Markenschutzgesetzgebung als frei zu betrachten wären und daher von jedermann benutzt werden dürften.

Bibliographic information published by the Deutsche Nationalbibliothek: The Deutsche Nationalbibliothek lists this publication in the Deutsche Nationalbibliografie; detailed bibliographic data are available in the Internet at http://dnb.d-nb.de.

Any brand names and product names mentioned in this book are subject to trademark, brand or patent protection and are trademarks or registered trademarks of their respective holders. The use of brand names, product names, common names, trade names, product descriptions etc. even without a particular marking in this works is in no way to be construed to mean that such names may be regarded as unrestricted in respect of trademark and brand protection legislation and could thus be used by anyone.

Coverbild / Cover image: www.ingimage.com

Verlag / Publisher:
Südwestdeutscher Verlag für Hochschulschriften
ist ein Imprint der / is a trademark of
AV Akademikerverlag GmbH & Co. KG
Heinrich-Böcking-Str. 6-8, 66121 Saarbrücken, Deutschland / Germany
Email: info@svh-verlag.de

Herstellung: siehe letzte Seite /
Printed at: see last page
ISBN: 978-3-8381-1735-5

Zugl. / Approved by: Aachen, RWTH Aachen, Diss., 2012

Copyright © 2013 AV Akademikerverlag GmbH & Co. KG
Alle Rechte vorbehalten. / All rights reserved. Saarbrücken 2013

Inhaltsverzeichnis

1 **Einleitung**   5

2 **Zielsetzung und Vorgehensweise**   7

3 **Stand der Technik**   10

4 **Physikalische Grundlagen**   13
    4.1 Wellenleiter 13
    4.2 Materialbearbeitung von Dielektrika mit fs-Laserstrahlung 16
       4.2.1 Fokussierung von fs-Laserstrahlung 16
       4.2.2 Absorption 19
       4.2.3 Elektronische Prozesse 20
       4.2.4 Thermische Prozesse 24

5 **Eigenschaften von Gläsern**   27
    5.1 Chemische Zusammensetzung von Gläsern 27
    5.2 Untersuchte Gläser 29
       5.2.1 Borosilikatglas D263 29
       5.2.2 Quarzglas 30

6 **Eingesetzte Anlagen- und Systemtechnik sowie Analyseverfahren**   32
    6.1 Anlagen- und Systemtechnik 32
    6.2 Analyseverfahren 35
       6.2.1 Messung der transmittierten Leistung 35
       6.2.2 Mikroskopie 35
       6.2.3 Fernfelddivergenzmessung 37
       6.2.4 Nahfeldmessung 38
       6.2.5 Dämpfungsmessung 39
       6.2.6 Raman-Spektroskopie 40

7 **Experimentelle Untersuchung**   41

8 **Charakterisierung der Wellenleiter in D263 und Quarzglas**   43
    8.1 Wellenleiter in D263 43

		8.1.1	Strukturelle Eigenschaften	43

    8.1.1 Strukturelle Eigenschaften 43
    8.1.2 Optische Eigenschaften 49
    8.1.3 Thermische Stabilität 58
    8.1.4 Simulation der Strahlpropagation 59
  8.2 Wellenleiter in Quarzglas 61
    8.2.1 Strukturelle Eigenschaften 61
    8.2.2 Optische Eigenschaften 67
    8.2.3 Thermische Stabilität 73
    8.2.4 Simulation der Strahlpropagation 74
    8.2.5 Raman-Spektroskopie 77

9 Analyse der Beiträge von elektronischen und thermischen Prozessen zur Brechungsindexmodifikation   **80**
  9.1 Elektronische Prozesse 80
  9.2 Thermische Prozesse 82

10 Zusammenfassung und Ausblick   **85**

Literaturverzeichnis   **89**

Symbolverzeichnis   **97**

A Anhang   **99**
  A.1 Sphärische Aberration 99
  A.2 Keldysh-Parameter 100
  A.3 Singulett- und Triplett-Zustand 101
  A.4 Mikroskopobjektive 101
  A.5 Optische Phasendifferenz 102
  A.6 Raman-Spektroskopie 102
  A.7 Zusätzliche Ergebnisse von Wellenleitern in D263 104
  A.8 Zusätzliche Ergebnisse von Wellenleitern in Quarzglas 105
  A.9 Verfahrensparameter für die Strukturierung von Wellenleitern 107

Kapitel 1

Einleitung

Optische Technologien und Verfahren beschäftigen sich unter anderem mit der Erzeugung, Verstärkung und Übertragung von Licht [1]. In den 1960er Jahren entwickelte sich basierend auf der Laser- und Fasertechnik die optische Datenübertragung [2], in der Fasern aus Glas oder Kunststoff als Wellenleiter eingesetzt werden. Im Vergleich zur Übertragung von elektrischen Signalen mittels Kabel ist der entscheidende Vorteil der optischen Datenübertragung die größere Datenübertragungsrate [1, 3]. Pro Zeiteinheit wird dadurch eine größere Menge an Dateneinheiten und somit Informationen übermittelt.

Glasfasern werden heute beispielsweise als Wellenleiter in Kommunikationssystemen zur Signalführung, als faseroptische Sensoren in der Messtechnik sowie in der Beleuchtungsindustrie zu Dekorationszwecken verwendet. In der Materialbearbeitung wird Laserstrahlung des sichtbaren und nahinfraroten Spektralbereichs mittels Fasern von der Strahlquelle bis zum Werkstück geführt, wodurch eine große Flexibilität hinsichtlich der Handhabung ermöglicht wird.

Neben passiver Lichtführung wird bei Faserlasern und Faserverstärkern die Eigenschaft der Wellenleitung bei gleichzeitiger Erzeugung und Verstärkung der Laserpulse ausgenutzt. Faserlaser werden vorrangig bei Verfahren in der Materialbearbeitung eingesetzt, für die eine hohe Strahlqualität erforderlich ist ($M^2 < 1,1$). Faserlaser, aber auch Laseroszillatoren und Verstärkersysteme, die Laserpulse mit Pulsdauern im Piko- und Femtosekundenbereich erzeugen, werden für die Volumenbearbeitung transparenter Materialien wie Gläser und Kristalle verwendet [4–7]. Die verfügbaren Leistungen der Strahlquellen ermöglichen in Kombination mit fokussierenden Optiken eine lokale und präzise Bearbeitung. Durch die Veränderung der Materialeigenschaften wie dem Brechungsindex wird die Voraussetzung zur Herstellung kompakter, optischer Komponenten wie beispielsweise Wellenleiter geschaffen.

Die Herausforderung bei der Erzeugung von wellenleitenden Strukturen in Dielektrika ist die Maximierung der Brechungsindexänderung für die Anpassung an die Strahlcharakteristik von Diodenlaserstrahlung (numerische Apertur $NA > 0,2$). Für die Optimierung der optischen Eigenschaften von Wellenleitern ist das Verständnis der durch die Laserstrahlung im Material induzierten Prozesse erforderlich.

In der vorliegenden Dissertation werden daher die physikalisch ursächlichen Prozesse, die zu einer Brechungsindexmodifikation führen, systematisch untersucht. Der Fokus liegt auf der unabhängigen Analyse der ursächlichen elektronischen und thermischen Prozesse, die durch fokussierte Laserstrahlung in Gläsern induziert werden. Die erarbeiteten Erkenntnisse dienen als Basis für die weitere Verfahrensentwicklung integrierter, optischer Komponenten in transparenten Dielektrika. Ziel ist hierbei die Miniaturisierung der Bauteile, so dass kompakte und maßgeschneiderte Systeme für die Integrierte Optik realisiert werden können.

Kapitel 2

Zielsetzung und Vorgehensweise

Zur Schaffung eines grundlegenden Prozessverständnisses für die erfolgreiche Ermittlung geeigneter Prozessfenster zur Fertigung von Wellenleitern im Volumen von Borosilikatglas D263 und Quarzglas ist die Analyse der durch Femtosekunden-Laserstrahlung induzierten Brechungsindexmodifikation von zentraler Bedeutung. Die detaillierte Untersuchung der physikalisch ursächlichen elektronischen und thermischen Prozesse in der Licht-Materie-Wechselwirkung ist dabei von besonderem Interesse. Eine geeignete Trennung und unabhängige Analyse der ursächlichen Prozesse soll realisiert und damit das grundlegende Prozessverständnis der Licht-Materie-Wechselwirkung im Hinblick auf die induzierte Brechungsindexmodifikation erweitert werden (Abb. 2.1).

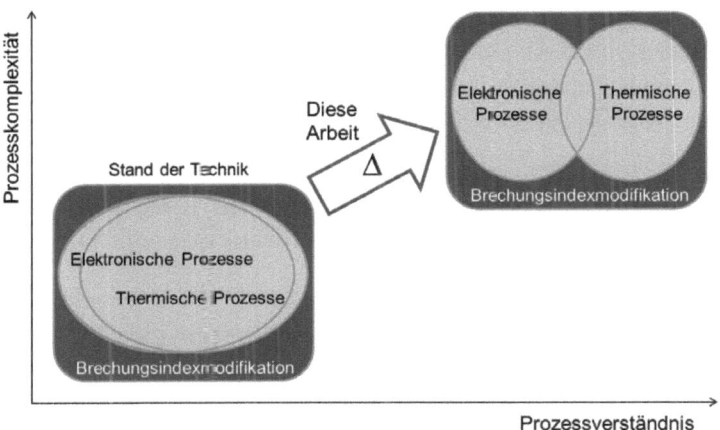

Abb. 2.1: Beitrag dieser Arbeit (Delta Δ) zum Prozessverständnis der ursächlichen elektronischen und thermischen Prozesse der Brechungsindexmodifikation

Für die Erzeugung von Brechungsindexmodifikationen zur Analyse der ursächlichen Prozesse werden im Volumen von Borosilikatglas D263 und Quarzglas

- Einzelpulse ($f < 500\,\text{kHz}$),
- Doppelpulse (mit zeitlich variiertem Abstand Δt) und
- Hochfrequenzpulse ($f \geq 500\,\text{kHz}$)

mit unterschiedlicher Repetitionsrate verwendet [1] . Durch die Strukturierung mittels solch zeitlich modulierter Laserstrahlung wird einerseits die Prozesskomplexität bei der experimentellen Durchführung vergrößert (Abb. 2.1), andererseits können die ursächlichen elektronischen und thermischen Prozesse auf diese Weise getrennt voneinander betrachtet werden. Denn durch die Wahl geeigneter Verfahrensparameter (vgl. Kap. 7) wird das Vorherrschen des jeweiligen Prozesses begünstigt, wodurch seine Auswirkung auf die induzierte Brechungsindexmodifikation unabhängig untersucht werden kann.

Für die Analyse der durch Femtosekunden-Laserstrahlung induzierten Brechungsindexmodifikation werden die für die Entstehung ursächlichen Prozesse grundsätzlich in elektronische und thermische Prozesse unterschieden (Abb. 2.2):

- Elektronische Prozesse werden durch die Verwendung von kleinen Volumina der fokussierten Laserstrahlung, d.h. durch große numerische Aperturen der verwendeten Mikroskopobjektive ($NA_{Ob} \geq 0,6$), begünstigt. Außerdem wird durch die systematische Variation des zeitlichen Abstandes von Doppelpulsen (vgl. Kap. 7) die zeitliche Resonanz für die Bildung von Defekten ermittelt.

- Durch die Verwendung großer Pulsenergien ($E_p > 1\,\mu\text{J}$) sowie großer Repetitionsraten (Hochfrequenzpulse mit $f \geq 0,5\,\text{MHz}$, vgl. Kap. 7) werden thermische Prozesse begünstigt.

Die mikro- und nanostrukturellen sowie optischen Eigenschaften der in Borosilikatglas D263 und Quarzglas strukturierten Wellenleiter werden mittels verschiedener Analyseverfahren untersucht. Die verwendeten Verfahrensparameter werden mit den erzielten Eigenschaften der Wellenleiter korreliert. Die Ergebnisse der Charakterisierung werden in der Analyse den elektronischen und thermischen Prozessen der Brechungsindexmodifikation zugeordnet (Abb. 2.2). Die Verfügbarkeit des erforderlichen grundlegenden Prozessverständnisses für die Induzierung elektronischer und thermischer Prozesse stellt schlussendlich die Basis zur weiteren Verfahrensentwicklung dar. Somit kann die Kontrolle und Maximierung der Brechungsindexmodifikation für die Herstellung dreidimensionaler, optischer Komponenten ermöglicht werden.

---

[1]Zur ausführlichen Definition der zeitlich modulierten Laserstrahlung siehe Kapitel 7.

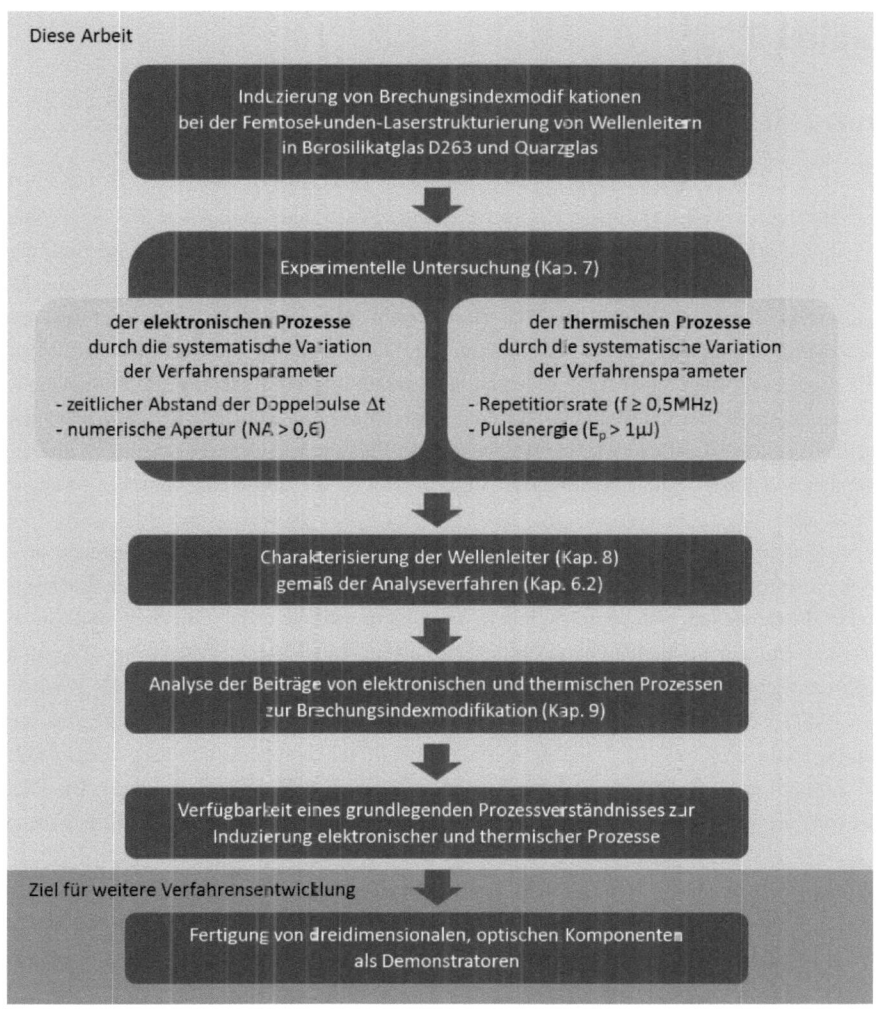

Abb. 2.2: Schematische Darstellung der Vorgehensweise bei der Durchführung der vorliegenden Arbeit

Kapitel 3

Stand der Technik

Mit Wellenleitern wird elektromagnetische Strahlung entlang einer definierten Richtung geführt. Die Führung erfolgt beispielsweise innerhalb einer Glas- oder Kunststofffaser, die im Kern einen erhöhten Brechungsindex im Vergleich zum Mantel aufweist. Zur Generierung einer lokalen Brechungsindexänderung im Volumen von Gläsern wird erstmals in den 1990er Jahren Femtosekunden-Laserstrahlung eingesetzt [8, 9]. Mit fokussierter Laserstrahlung der Emissionswellenlänge $\lambda = 810$ nm eines Titan-Saphir-Lasers werden in Quarzglas unter Ausnutzung von Multiphotonenabsorption rissfreie Brechungsindexmodifikationen erzeugt [9]. Die induzierte Brechungsindexänderung von $\Delta n = 0,010 - 0,035$ wird als Wellenleiter zur Führung von elektromagnetischer Strahlung verwendet. Mit dieser Technik werden neue Möglichkeiten bei der Herstellung optischer Komponenten eröffnet.

Der Strukturierung mit Femtosekunden-Laserstrahlung sind zahlreiche Untersuchungen zur photosensitiven Anregung von Glasfasern und dünnen Filmen mit ultravioletter Strahlung vorausgegangen. Für die Herstellung von optischen Filtern und Gittern wird die erzielte Brechungsindexmodifikation in Germanium-dotierten Glasfasern untersucht [10]. Durch die Ausnutzung von Zweistrahl-Interferenz werden im Kern einer Faser Bragggitter erzeugt, die sichtbares Licht der Wellenlängen $\lambda = 577 - 591$ nm reflektieren [11]. Der erzeugte Brechungsindexunterschied beträgt nach $t = 5$ min Bestrahlung $\Delta n = 3 \cdot 10^{-5}$. Für die Bestrahlung wird die Strahlung eines Farbstofflasers ($\lambda = 486 - 500$ nm) in Kombination mit einem Kristall zur Frequenzverdopplung verwendet. Die Photonenenergie der verwendeten Wellenlänge von $\lambda = 244$ nm im ultravioletten Spektralbereich beträgt $E_{Photon} = 5,1$ eV.

Aufgrund der Entwicklung von ultrakurz gepulster Laserstrahlung mit Pulsdauern $\tau_p < 1$ ps sowie großen erzielbaren Intensitäten durch fokussierende Optiken ist die Strukturierung transparenter Materialien selbst mit Strahlung kleiner Photonenenergien $E_{Photon} < 2,5$ eV im sichtbaren und infraroten Spektralbereich möglich. Im Fokusvolumen werden nichtlineare Absorptionsprozesse induziert, die die Deposition von Energie im Material ermöglichen. Die Strukturierung kann mit einem einzigen Laserpuls erfolgen [12] oder durch das Verfahren des Fokusvolumens innerhalb des Materials werden linienförmige Brechungsindexmodifikationen erzeugt, die als Wellenleiter fungieren. Die verwendete Pulsenergie ist mit $E_p \approx 0,3\,\mu$J um zwei Größenordnungen kleiner als die Pulsenergie, die für die Strukturierung von photosensitiven Materialien erforderlich ist [8]. Die Photosensitivität des Materials im Ultravioletten ist demnach keine Voraussetzung für eine permanente Modifikation mehr [13, 14].

Mit Femtosekunden-Laserstrahlung werden die strukturellen und optischen Eigenschaften des Materials in einem lokalisierten Bereich mit wenigen Kubikmikrometern Ausdehnung verändert [8]. Mit diesem flexibel einsetzbaren Verfahren zur Mikro- und Nanostrukturierung wird die Grundlage für die Herstellung zahlreicher, optischer Komponenten mit großer Funktionalität für die Integrierte Optik gelegt [15]. Gleichzeitig ist die Möglichkeit der Miniaturisierung der Komponenten zu kompakten Systemen gegeben, die ein hohes Maß an Integration erfordern.

In den letzten Jahrzehnten sind optische Komponenten wie Wellenleiter in Gläsern und Kristallen erzeugt worden. Passive Wellenleiter als strahlführende Elemente [9, 16–20] werden ebenso wie aktive Wellenleiter zur Generierung und Verstärkung von Laserstrahlung als Wellenleiterlaser hergestellt [21–23]. Beugungsgitter [13, 24, 25], Wellenleiterverstärker [26], Koppler [5, 27], Verzweiger [28], photonische Strukturen [29, 30] und eine Vielzahl anderer optischer Komponenten werden realisiert. Die meisten der Komponenten werden in Quarzglas erzeugt. Jedoch ist ebenso die Modifikation von anderen Glasmaterialien sowie von Kristallen [31–33] und Kunststoffen möglich, wodurch die Flexibilität der verwendeten Technik sichtbar wird.

Mittels fokussierter Femtosekunden-Laserstrahlung werden lokal große Temperaturen von mehreren Tausend Grad Celsius erzeugt [34]. Aufgrund der entstehenden Drücke und Spannungen dehnt sich das modifizierte Material vom Fokusvolumen in das umgebende Volumen aus [12]. Während des Abkühlprozesses relaxieren die strukturellen Veränderungen nicht vollständig. Sie werden teilweise eingefroren, so dass Bereiche mit vergrößerter und verkleinerter Dichte vorliegen, die eine Brechungsindexänderung zur Folge haben. Aber auch Defekte wie Farbzentren oder Sauerstofffehlstellen (vgl. Kap. 4.2.3) beeinflussen nach der Kramers-Kronig-Relation den Brechungsindex, die den Zusammenhang der Absorption von elektromagnetischen Wellen im Material mit dem Brechungsindex beschreibt. Die optischen Eigenschaften des Materials können demnach lokal und permanent verändert werden. Im Allgemeinen vergrößert sich der Brechungsindex bei zunehmender Materialdichte in Silikat- und Borosilikatgläsern. Jedoch ist dieses Verhältnis nicht für alle Gläser linear.

In Phosphat- und Quarzglas werden strukturelle Veränderungen in der Glasmatrix nach Bestrahlung mit Femtosekunden-Laserstrahlung nachgewiesen [35]. In Quarzglas erfolgt die Wellenleitung in dem durch die Laserstrahlung modifizierten Bereich. Aufgrund der deponierten Energie ist das Material verdichtet und Defekte wie Farbzentren werden erzeugt. In Phosphatglas hingegen werden wellenleitende Bereiche ober- und unterhalb der erzeugten Strukturen nachgewiesen [35]. Die Bereiche vergrößerter Dichte, die für die Wellenleitung genutzt werden können, entstehen durch Spannungsfelder der modifizierten Struktur.

Durch die Laserstrahlung induzierte Druck- und Spannungsfelder führen zur Generierung großer Brechungsindexänderungen von $\Delta \eta \geq 10^{-2}$ [36]. Damit sich große Spannungen im Material aufbauen können, muss ihre Entstehungszeit unterhalb der Schallwellenlaufzeit liegen. In Glas beträgt die Schallgeschwindigkeit $c_s = 5 \frac{km}{s}$, was bei einem modifizierten Bereich von $\Delta x = \Delta y = 1\,\mu m$ Ausdehnung einer Laufzeit von $t = 200\,ps$ entspricht. Die Pulsdauer der Laserstrahlung sollte also unterhalb einiger Pikosekunden liegen, um große Spannungen und damit eine große Brechungsindexänderung im Material zu generieren [37].

Zumeist wird die Strukturierung mit einzelnen Laserpulsen unterschiedlicher Repetitionsrate, sogenannter Einzel- bzw. Hochfrequenzpulse, durchgeführt. Beispielsweise wird jede Stelle des Materials bei einer Repetitionsrate von $f = 100\,\text{kHz}$, einem Fokusdurchmesser von $2\omega_0 = 2\,\mu\text{m}$ und einer Verfahrgeschwindigkeit von $v = 1\,\frac{\text{mm}}{\text{s}}$ mit 200 Laserpulsen bestrahlt. Bei einer Vergrößerung der Repetitionsrate bzw. Verkleinerung der Verfahrgeschwindigkeit vergrößert sich die Anzahl der Laserpulse an einer Stelle entsprechend dieses Faktors.

Durch eine zusätzliche, zeitliche Modulation der Laserpulse mittels eines akustooptischen Modulators können Laserbursts erzeugt werden, die zur Herstellung von Bragg-Wellenleitern eingesetzt werden [38]. Der Wellenleiter setzt sich aus aneinandergereihten, dreidimensionalen Segmenten, sogenannten Voxeln, der Brechungsindexmodifikation zusammen (Abb. 3.1). Die erzeugte Gitterstruktur in Quarzglas mit einer Periode von $\Lambda = 535,6\,\text{nm}$ reflektiert die Wellenlänge $\lambda = 1548\,\text{nm}$ zu $R = 89\,\%$ [38].

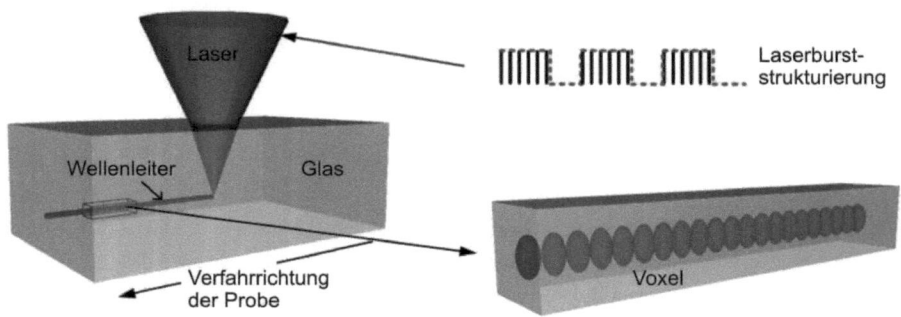

Abb. 3.1: Schematische Darstellung zur Strukturierung von Bragg-Wellenleitern mittels Laserbursts, nach [39]

Eine weitere zeitliche Modulation wird mit der Verwendung von Doppelpulsen bei der Erzeugung von Wellenleiter durchgeführt. In Quarzglas werden Wellenleiter mit einem zeitlichen Abstand der Doppelpulse von $\Delta t = 0,5 - 200\,\text{ps}$ hergestellt [19]. Im Vergleich zu Einzelpulsen ist die Dämpfung der Wellenleiter mit $\alpha = 0,8\,\frac{\text{dB}}{\text{cm}}$ um $\Delta\alpha = 0,5\,\frac{\text{dB}}{\text{cm}}$ kleiner. Bis auf diese Arbeit und eigene Vorarbeiten existieren bis heute keine grundlegenden Prozesskenntnisse über den Einfluss von Doppelpulsen auf die Brechungsindexmodifikation.

Insgesamt werden die Entstehung und die Eigenschaften der induzierten Brechungsindexmodifikation zwar von zahlreichen Forschungsgruppen untersucht, doch selbst heute sind die ablaufenden Licht-Materie-Wechselwirkungsprozesse bei der Lasermaterialbearbeitung von Dielektrika noch nicht vollständig beschrieben [40]. Die Kombination von elektronischen und thermischen Prozessen, die sich bei der Strukturierung überlagern, erschwert eine unabhängige Beschreibung.

Kapitel 4

Physikalische Grundlagen

4.1 Wellenleiter

In Wellenleitern wird Licht als elektromagnetische Welle unter Totalreflexion nahezu ohne Reflexionsverluste geführt. Die Qualität der Wellenleiter wird im Wesentlichen durch die vorliegende Brechungsindexverteilung, die numerische Apertur sowie der Abwesenheit von Streuzentren geprägt. Im Kern des Wellenleiters, in dem die Lichtführung stattfindet, ist der Brechungsindex n_1 größer als im umgebenden Mantel n_2 (Abb. 4.1, oben).
Nach dem Reflexionsgesetz ist der Ausfallswinkel der reflektierten Strahlung gleich dem Einfallswinkel. Für die transmittierte Strahlung an der Grenzfläche eines optisch dichten Mediums (Brechungsindex n_1) zu einem optisch dünnen Medium (Brechungsindex n_2) gilt das Snelliussche Brechungsgesetz (Gleichung 4.1) [41]. Damit lässt sich die Richtung berechnen, in die die transmittierte Strahlung gebrochen wird. Hierbei ist θ_1 der Einfalls- und θ_2 der Brechungswinkel.

$$\frac{sin\,\theta_1}{sin\,\theta_2} = \frac{n_2}{n_1} = \frac{c_1}{c_2} \qquad (4.1)$$

Das Verhältnis der Brechungsindizes ist umgekehrt proportional zum Verhältnis der Ausbreitungsgeschwindigkeiten der elektromagnetischen Wellen c_1 und c_2 im jeweiligen Medium. Unterschreitet der Einfallswinkel den Grenzwinkel der Totalreflexion

$$\theta_{total} = arcsin\left(\frac{n_2}{n_1}\right) \qquad (4.2)$$

wird die Strahlung an der Grenzfläche nicht gebrochen, sondern vollständig reflektiert [41] (Abb. 4.1 oben, gepunktete und durchgezogene Kurve).
Der maximale Akzeptanzwinkel θ_{max} des Wellenleiters für unter Totalreflexion geführter Strahlung bestimmt zusammen mit dem Brechungsindex n_0 des umgebenden Mediums die numerische Apertur NA des Wellenleiters [41]:

$$NA = n_0 \cdot sin\,\theta_{max} = \sqrt{n_1^2 - n_2^2} \qquad (4.3)$$

Die numerische Apertur ist ein Maß für das Lichtaufnahme- bzw. -abstrahlvermögen eines Wellenleiters und kann mittels des Brechungsindexunterschiedes zwischen dem Kern und dem Mantel des Wellenleiters ausgedrückt werden (Gleichung 6.2).

Der beschriebene Fall gilt für einen Stufenindex-Wellenleiter, bei dem der Brechungsindexsprung radial nach außen vom Kern zum Mantel diskret in Form einer Stufe stattfindet (Abb. 4.1, oben). Der entscheidende Nachteil eines Stufenindexprofils ist die Lichtführung unter dem Einfluss der Modendispersion: Strahlung, die unter einem großen Einfallswinkel in den Wellenleiter eintritt, legt einen längeren Weg zurück als die mit kleinem Einfallswinkel. Aus diesem Grund laufen die einzelnen Moden gleicher Wellenlänge zeitlich auseinander.

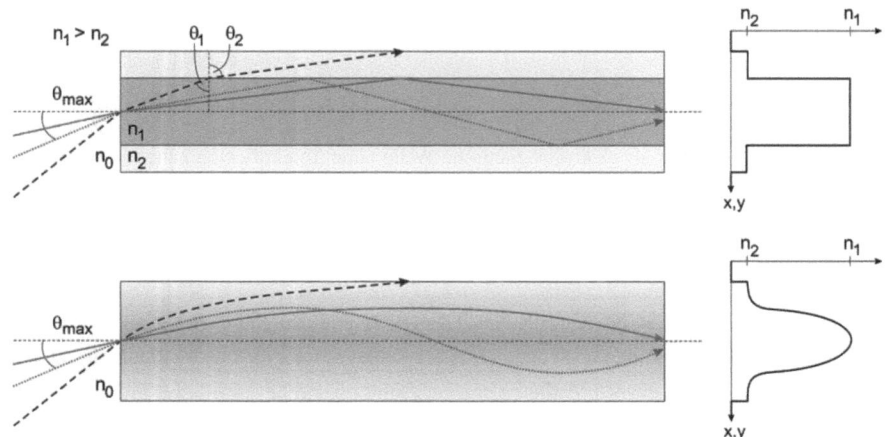

Abb. 4.1: Schematische Darstellung der Lichtführung und des jeweiligen Brechungsindexprofils $n(x,y)$ in einem Wellenleiter (längs) mit Stufenindexprofil (oben) und Gradientenindexprofil (unten). Der Akzeptanzbereich für die Lichtführung ist jeweils mit dem Winkel θ_{max} und der gepunkteten Kurve bezeichnet.

Bei einem Gradientenindex-Wellenleiter liegt eine kontinuierliche Abnahme des Brechungsindex vor (Abb. 4.1 unten), so dass hier die Brechungsindexverteilung $n(x,y)$ betrachtet werden muss. Die Randmoden propagieren aufgrund des kleineren Brechungsindex im Randbereich schneller als im Kern (Gleichung 4.1) und kompensieren dadurch die größere Wegstrecke bei großem Einfallswinkel. Damit ist der zeitgleiche Austritt aller Moden an der Endfacette des Wellenleiters gewährleistet.

Die Maxwell-Gleichungen beschreiben die Ausbreitung elektromagnetischer Felder unter vorgegebenen Randbedingungen und Materialparametern. Mit ihnen lässt sich die Propagation und ortsabhängige Verteilung der geführten Strahlung eines Wellenleiters beschreiben.
Für dieelektrisch inhomogene, isotrope, verlustfreie und nicht leitfähige Medien lassen sich die Maxwell-Gleichungen zu einer linearen Differentialgleichung 2. Ordnung zusammenfassen [42]. Die Wellengleichung für die Ausbreitung des elektrischen Feldes in z-Richtung lautet [42]:

$$\Delta \vec{E} + \vec{\nabla}\left(\frac{\vec{\nabla} n^2(x,y)}{n^2(x,y)} \cdot \vec{E}\right) + k_0^2\, n^2(x,y)\, \vec{E} = 0 \qquad (4.4)$$

Hierbei beschreibt $\vec{E}$ das elektrische Feld, $k_0 = \omega/c_0$ die Kreiswellenzahl und $n(x,y)$ die zweidimensionale Brechungsindexverteilung des Wellenleiters. Eine äquivalente Gleichung kann für die magnetische Induktion $\vec{B}$ aufgestellt werden.

Für ein dielektrisch homogenes Medium mit konstantem Brechungsindex

$$\frac{\partial}{\partial x} n(x,y) = \frac{\partial}{\partial y} n(x,y) = 0 \tag{4.5}$$

fällt der zweite Term in Gleichung 4.4 weg und die Helmholtz-Gleichung wird gebildet [43]:

$$\Delta \vec{E} + k_0^2 n^2 \vec{E} = 0 \tag{4.6}$$

Mittels dieser Gleichung wird beispielsweise die Propagation der Strahlung nach Austritt aus dem Wellenleiter ins Fernfeld beschrieben, wobei der Brechungsindex mit $n = 1$ für Luft konstant ist.

Die transversale Abhängigkeit des elektrischen und magnetischen Feldes in x- und y-Richtung wird über die sogenannten Moden beschrieben. Bei Transversal-Elektromagnetischen Moden TEM_{mn}, den Gauß-Hermite-Moden, steht die elektrische sowie die magnetische Feldkomponente senkrecht zur Ausbreitungsrichtung. Die Indizes m und n bezeichnen dabei die Anzahl der Nullstellen der Felder in x- und y-Richtung [43]. Wird in z-Richtung eine konstante Brechungsindexverteilung angenommen, propagieren im Wellenleiter Moden der Form

$$\vec{E}(x,y,z) = \vec{E}_{mn}(x,y)\, e^{-i\beta_{mn} z} \tag{4.7}$$

Hierbei ist β_{mn} die Phasenausbreitungskonstante der propagierenden Mode. Die Intensitätsverteilung des sogenannten Gaußschen Strahls (Kapitel 4.2.1) wird durch die Grundmode TEM_{00} der Gauß-Hermite-Moden beschrieben.

In Singlemode-Wellenleitern, die typischerweise Stufenindex-Wellenleiter sind, wird nur diese einzige Grundmode TEM_{00} geführt. Ist der Kerndurchmesser hingegen viel größer als die Wellenlänge der geführten Strahlung, können mehrere Moden im Wellenleiter propagieren. Damit ergibt sich ein Multimode-Wellenleiter.

Mit Hilfe der Maxwellgleichungen und der sich daraus ergebenden Wellengleichung (Gleichung 4.4) wird der sogenannte V-Parameter bestimmt, der die Bedingung für einen Singlemode-Wellenleiter beschreibt [44]:

$$V = \frac{2\pi a}{\lambda} \sqrt{n_1^2 - n_2^2} < 2{,}405 \tag{4.8}$$

Hierbei ist a der Kernradius und λ die Wellenlänge der geführten Strahlung.

Je nach Kernradius und vorliegender Brechungsindexverteilung findet die Lichtführung nicht ausschließlich im Kern des Wellenleiters statt. Ein evaneszentes Wellenfeld bildet sich durch propagierende Strahlung am Rand des Wellenleiterkerns aus, die in die Mantelfläche eindringt. Beispielsweise kann der Modendurchmesser 10 μm groß sein, wohingegen der Kerndurchmesser des Wellenleiters nur 2 μm beträgt [45]. Die Moden propagieren in diesem Fall zu einem Großteil im unmodifizierten Material.

4.2 Materialbearbeitung von Dielektrika mit fs-Laserstrahlung

4.2.1 Fokussierung von fs-Laserstrahlung

Die Feldverteilung des Gaußschen Strahls ist die Lösung niedrigster Ordnung der Wellengleichung (Gleichung 4.4). Senkrecht zur Propagationsrichtung, die hier als z-Achse bezeichnet wird, weist der Gaußsche Strahl eine rotationssymmetrische und gaußförmige Feldverteilung auf. Als Strahlradius $w(z)$ wird der Abstand zur z-Achse definiert, bei dem die Intensität auf $e^{-2} = 13,5\%$ gefallen ist. Mit der Strahltaille

$$w_0 = \frac{\lambda}{\pi NA} M^2 \tag{4.9}$$

wird der minimale Strahlradius an der Stelle $z = 0$ bezeichnet [46]. Der Gaußsche Strahl ist beugungsbegrenzt, so dass die Beugungsmaßzahl $M^2 = 1$ beträgt. Mit der Beugungsmaßzahl M^2 wird jeder Strahlverlauf ins Verhältnis zum Strahlverlauf eines Gaußschen Strahls gesetzt. Je größer die Beugungsmaßzahl ist, desto größer ist der minimal erreichbare Strahlradius.

Der Strahlradius w_0 ist unabhängig vom Brechungsindex n des umgebenden Mediums, da sich die Wellenlänge λ und die numerische Apertur NA der fokussierende Optik jewels um den Faktor n reduzieren. Mit Hilfe der Strahltaille lässt sich der Strahlradius an der Stelle z durch

$$w(z) = w_0 \sqrt{1 + \left(\frac{z}{z_R}\right)^2} \tag{4.10}$$

beschreiben [43]. Mit z_R wird die Rayleighlänge der Strahlung bezeichnet, die den Abstand von der Strahltaille beschreibt, bei dem sich der Strahlradius um den Faktor $\sqrt{2}$ vergrößert und die Strahlquerschnittsfläche verdoppelt hat. Die Gleichung für die Rayleighlänge lautet [46]:

$$z_R = \frac{\lambda}{\pi NA^2} M^2 \tag{4.11}$$

Die Fokuslänge entspricht dem zweifachen der Rayleighlänge und wird auch als Tiefenschärfe bezeichnet. Für die Berechnung der Rayleighlänge in einem Material muss der Faktor n für den Brechungsindex des Materials hinzugefügt werden. Mit dem Produkt aus Fokuslänge $2z_R$ und zweifacher Strahltaille $2w_0$ kann das Fokusvolumen V für die Materialbearbeitung mittels Laserstrahlung abgeschätzt werden. Zusätzlich zur Fokusgeometrie ist die Morphologie der zu erzeugenden Strukturen von den Materialeigenschaften abhängig. Thermische Eigenschaften wie die Wärmeleitfähigkeit und die Wärmekapazität spielen ebenfalls eine entscheidende Rolle (vgl. Kap. 4.2.4 und 5.2).

Selbstfokussierung

Mit fokussierter Femtosekunden-Laserstrahlung werden so große Pulsintensitäten erzielt, dass nichtlineare Effekte bei der Strahlpropagation berücksichtigt werden müssen. Die Gesetze der linearen Optik sind nicht mehr gültig. Nichtlineare Effekte wie der optische Kerreffekt und daraus folgende Selbstfokussierung bzw. Filamentbildung beeinflussen die Strahlausbreitung im Medium [47].
Der elektrooptische Kerreffekt beschreibt die instantane Reaktion des Materials auf die hochenergetischen Laserpulse. Der Brechungsindex wird intensitätsabhängig und verändert sich um den Wert Δn (Gleichung 4.12). Dabei ist der nichtlineare Brechungsindex mit n_2 und die Intensität mit I bezeichnet.

$$\Delta n = n_2 \, I \tag{4.12}$$

Durch den intensitätsabhängigen Brechungsindex wird die Kaustik der Laserstrahlung räumlich deformiert. Bei den meisten Materialien ist der nichtlineare Brechungsindex positiv ($n_2 > 0$). In diesem Fall bewirkt der Kerreffekt eine Fokussierung der Laserstrahlung [40] und Selbstfokussierung tritt auf. Der räumlich zentrale Bereich des Laserpulses mit großer Intensität wird dabei stärker fokussiert als die Randbereiche mit kleinerer Intensität. Im Material entsteht eine Brechungsindexverteilung gemäß einer Fokussierlinse. Aufgrund der räumlichen Fokussierung steigt die Pulsspitzenleistung des Laserpulses an [48].
Die kritische Leistung für Selbstfokussierung P_{kr} hängt von der Wellenlänge der Laserstrahlung λ und dem linearen Brechungsindex n sowie dem nichtlinearen Brechungsindex n_2 des Materials ab (Gleichung 4.13) [49]. Der nichtlineare Brechungsindex n_2 ist durch die Suszeptibilität χ_e^3 gegeben [50].

$$P_{kr} = \frac{3{,}77 \, \lambda^2}{8\pi \, n \, n_2} \tag{4.13}$$

Das Verhältnis der Pulsspitzenleistung zur kritischen Leistung für Selbstfokussierung P_{kr} bestimmt die Stärke der Selbstfokussierung. Prinzipiell ist die Selbstfokussierung vor allem bei kleinen numerischen Aperturen $NA_{Ob} \leq 0{,}65$ zu berücksichtigen [51]. Bei kleinen numerischen Aperturen ist für die Strukturierung im Material eine größere Pulsspitzenleistung erforderlich [52, 53], wodurch die Selbstfokussierung begünstigt wird.
Beispielsweise gilt $n = 1{,}4535$ [54] und $n_2 = 2{,}82 \cdot 10^{-20} \, \frac{m^2}{W}$ [55] jeweils bei der Wellenlänge $\lambda = 804$ nm für Quarzglas Suprasil, wodurch sich die kritische Leistung zu $P_{kr} = 2{,}37$ MW berechnet. Bei einer Pulsdauer von $\tau_p = 400$ fs entspricht dies einer kritischen Pulsenergie von etwa $E_{kr} = 950$ nJ. Bei starker, externer Fokussierung beispielsweise durch Mikroskopobjektive wird der Strahldurchmesser zusätzlich durch den Prozess der Selbstfokussierung reduziert. Bei einer numerischen Apertur von $NA_{Ob} = 0{,}65$, einer Pulsenergie von $E_p = 100$ nJ und einer Pulsdauer von $\tau_p = 100$ fs wird die Strahlung in Quarzglas auf einen berechneten Strahldurchmesser von $2w_0 = 150$ nm fokussiert [12, 56]. Dadurch können Strukturen mit lateralen Abmessungen von $d < 250$ nm generiert werden.
Der Prozess der Selbstfokussierung wird durch zwei Effekte begrenzt:

1. Die Divergenz der Strahlung nimmt bei größer werdender Fokussierung aufgrund des Strahlparameterprodukts immer weiter zu.
2. Freie Elektronen werden im Material erzeugt, die eine negative Brechungsindexänderung verursachen können und damit defokussierende Wirkung haben [40].

Im Gleichgewicht wechselt sich die Selbstfokussierung aufgrund des Kerreffekts mit der Defokussierung aufgrund der Ionisation der Atome ab und ein sogenanntes Filament entsteht [40]. Der Strahldurchmesser sowie die maximale Intensität im Fokus sind begrenzt [57]. In Luft können Filamente mit einer Länge von wenigen Metern bis zu einigen Kilometern erzeugt werden [58, 59]. Filamente in Festkörpern erreichen hingegen erheblich kürzere Längen in der Größenordnung von Millimetern oder Mikrometern [60–62]. Ein Grund dafür ist die um zwei Größenordnungen höhere Elektronendichte, die in Festkörpern durch die Laserstrahlung induziert wird [49]. Die Energie des Pulses wird dadurch auf viel kürzeren Strecken absorbiert und die Leistung sinkt unter die kritische Leistung für Selbstfokussierung P_{kr} (Gleichung 4.13). Damit kommt die Filamentierung im Medium nach wenigen Millimetern zum Erliegen.

Sphärische Aberration

Weitere optische Effekte, die bei der Fokussierung von ultrakurz gepulster Laserstrahlung in transparenten Materialien auftreten, sind Abbildungsfehler. Durch sie kann die Größe und Form des Fokusvolumens und damit die Strukturierung von Materialien mittels Laserstrahlung beeinflusst werden. Abbildungsfehler beschreiben die Abweichung der Strahlausbreitung vom Modell der geometrischen Optik, in der die Berechnung ausschließlich für achsennahe Strahlen durchgeführt wird, die einen kleinen Winkel θ mit der optischen Achse einschließen ($\sin\theta \approx \theta$). Werden in der Reihenentwicklung des Sinus mit $j \in \mathbb{N}$ [63]

$$\sin\theta = \theta - \frac{\theta^3}{3!} + \frac{\theta^5}{5!} - \ldots (-1)^j \frac{\theta^{2j+1}}{(2j+1)!} \pm \ldots \tag{4.14}$$

die Terme 3. Ordnung berücksichtigt, lässt sich unter anderem der monochromatische Abbildungsfehler der sphärischen Aberration beschreiben [43, 64]: Nach der Brechung an der Oberfläche des Materials werden achsennahe und achsenferne Strahlen nicht auf den gleichen Brennpunkt auf der optischen Achse fokussiert (vgl. Kap. A.1 im Anhang). Dies kommt durch die unterschiedlichen Einfallswinkel der Strahlen zustande, die von der verwendeten numerischen Apertur NA_{Ob} des Mikroskopobjektivs abhängen. Eine Abweichung von der idealen, optischen Abbildung wird verursacht und der Fokus entspricht nicht mehr dem minimal möglichen, beugungsbegrenzten Fokus. Die Kaustik der Strahlung und damit der Fokusbereich werden räumlich vergrößert. In Propagationsrichtung der Laserstrahlung wird der Fokus um den Wert

$$\Delta z = \frac{d}{n}\left(\sqrt{\frac{n^2 - NA_{Ob}^2}{1 - NA_{Ob}^2}} - n\right) \tag{4.15}$$

verlängert [62]. Die Fokusverlängerung Δz hängt vorwiegend von der Fokussiertiefe im Material d und der numerischen Apertur NA_{Ob} der verwendeten Optik ab. Weiterführende Berechnungen zur elektromagnetischen Feldverteilung im Fokusvolumen sind in [65] aufgeführt.

In der Materialbearbeitung muss die sphärische Aberration vor allem bei der Fokussierung mit Mikroskopobjektiven großer numerischer Apertur $NA_{Ob} \geq 0,5$ berücksichtigt werden [51]. Für entsprechend große Einfallswinkel von $\theta \geq 30°$ ist die paraxiale Näherung nicht mehr gültig [66] und die Fokusverlängerung nicht vernachlässigbar.

In der Praxis kann die sphärische Aberration durch korrigierende Optiken vorkompensiert werden, so dass die Brennweite für alle Strahlen gleich ist. Die Kompensation wird durch eine Verschiebung der Linsen im Mikroskopobjektiv mittels eines Korrekturrings erreicht und entsprechend der gewünschten Fokussiertiefe eingestellt. Für die Strukturierung von Wellenleitern werden verschiedene Mikroskopobjektive mit Korrekturring verwendet, um die sphärische Aberration während der Bearbeitung zu minimieren.

4.2.2 Absorption

Die verwendeten Laserstrahlquellen sind Femtosekundenlaser, die gepulste Laserstrahlung mit Pulsdauern von $\tau_p = 440 - 480\,\text{fs}$ emittieren. Laserpulse mit einer Pulsdauer von $\tau_p < 1\,\text{ps}$ zählen zu den sogenannten ultrakurzen Pulsen. Diese eignen sich besonders für die Materialbearbeitung von Dielektrika. Aufgrund der kurzen Pulsdauer wird eine präzise und lokale Energiedeposition im Material ermöglicht. Da die Pulsdauer von Femtosekunden-Laserstrahlung unterhalb der Elektron-Phonon-Kopplungszeit von einigen Pikosekunden liegt [67], ist die Wechselwirkung der Strahlung mit dem Elektronensystem von der Relaxation des Gitters zeitlich entkoppelt [68]. Oberflächen werden gezielt abgetragen oder Material im Fokusvolumen der Strahlung lokal und irreversibel modifiziert.

Wird ausschließlich die lineare Absorption betrachtet, sind Dielektrika wie Gläser für sichtbare und infrarote Laserstrahlung ($\lambda = 0,3 - 2\,\mu\text{m}$) transparent. Die Energie der Strahlung kann nicht auf das Material übertragen werden, weil die Energie eines Photons kleiner als die Bandlücke ist. Für Laserstrahlung der Wellenlänge $\lambda = 1043\,\text{nm}$ gilt $E_{Photon} = 1,19\,\text{eV}$. Die Bandlücke von typischerweise $\Delta E > 3\,\text{eV}$ von transparenten Glasmaterialien kann mit der Energie eines einzelnen Photons nicht überwunden werden. Wird die Strahlung hingegen auf einige Kubikmikrometer fokussiert und werden große Intensitäten ($I > 10^{12}\,\frac{W}{cm^2}$) erreicht, finden nichtlineare Absorptionsprozesse statt. Dann ist die lokale Deposition von Strahlungsenergie selbst in transparenten Materialien möglich und ein sogenannter optischer Durchbruch findet statt [51,53,69]. Im Material werden freie Elektronen durch die Anregung von Elektronen vom Valenz- ins Leitungsband erzeugt. Die Energie für die Anregung wird durch Photoionisation (Multiphotonenabsorption oder Tunnelionisation) und Stoßprozesse zur Verfügung gestellt.

Bei der Multiphotonenabsorption wird die Absorption mehrerer Photonen innerhalb kurzer Zeit ermöglicht (Abb. 4.2). Die Wahrscheinlichkeit für die Absorption von n Photonen ist proportional zur

Intensität I. Auf diese Weise kann die Bandlücke überwunden werden und die Anregung der Elektronen vom Valenz- ins Leitungsband erfolgen.

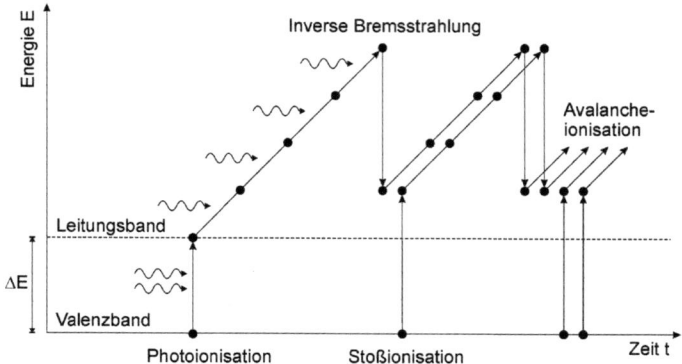

Abb. 4.2: Schema zur Veranschaulichung der Absorptionsprozesse, nach [70]

Durch den nachfolgenden, linearen Absorptionsprozess der inversen Bremsstrahlung nehmen die angeregten Elektronen im Leitungsband Energie weiterer Photonen auf und entfernen sich energetisch vom Leitungsbandminimum. Durch Stoßprozesse geben die freien Elektronen ihre Energie teilweise an Elektronen im Valenzband ab, wodurch auch diese ins Leitungsband gelangen (Stoßionisation, Abb. 4.2). Energetisch höhere Zustände werden durch sequentielle Absorptionsprozesse erreicht, die erneute Stoßprozesse zur Folge haben. Die Anregung der Elektronen erfolgt lawinenartig, weshalb dieser Prozess Avalancheionisation genannt wird (Abb. 4.2). Das Dielektrikum nimmt durch den Anstieg der Elektronendichte kurzzeitig metallischen Charakter an. In Quarzglas werden freie Elektronen vorwiegend durch Avalancheionisation erzeugt [71].

Tunnelionisation tritt bei den elektrischen Feldstärken der Laserstrahlung auf, die das Coulombpotential verformen. Obwohl die Energie des Elektrons nicht ausreicht den Potentialwall zu überwinden, kann es durch die Deformation ins Leitungsband tunneln. Prinzipiell überwiegt bei großen Intensitäten der Laserstrahlung ($I \gtrsim 3 \cdot 10^{14} \frac{\text{W}}{\text{cm}^2}$) die Tunnelionisation gegenüber der Multiphotonenabsorption (vgl. Kap. A.2 im Anhang).

4.2.3 Elektronische Prozesse

Bei der Wechselwirkung von Laserstrahlung mit Materie werden eine Vielzahl von Defekten in der atomaren Struktur des Materials induziert, die zu einer Brechungsindexänderung führen können. Beispielsweise werden Bindungen zwischen den Atomen verformt oder aufgebrochen, Verschiebungen der Atome von ihren Gitterplätzen hervorgerufen sowie zeitlich stabile Dichteänderungen im Material induziert. Die durch Laserstrahlung induzierten Modifikationen und Defekte verursachen eine Veränderung der Absorptions- bzw. Fluoreszenzniveaus in der energetischen Bandlücke des Materials [72]. Nach der Kramers-Kronig-Relation führen diese Veränderungen zu einer Brechungsindexmodifikation im bestrahlten Bereich. Zusätzlich zu den strukturellen und spektroskopischen Veränderungen im Material haben die Defekte Einfluss auf die Dämpfung der propagierenden Strahlung im Wellenleiter durch Absorption und Streuung.

Elektronische Prozesse finden auf einer Zeitskala im Femto- und Pikosekundenbereich statt [67]. Beispielsweise beträgt die mittlere Lebensdauer des erzeugten Elektronengases in Quarzglas und kristallinem Quarz $\tau \approx 150$ fs [73]. Da in Oxiden wie Quarzglas die Elektron-Phonon-Kopplung sehr stark ist, werden angeregte Ladungsträger innerhalb weniger hundert Femtosekunden eingefangen und Defekte wie Elektron-Loch-Paare (Exzitonen) gebildet [68, 74]. Diese können mittels zeitaufgelöster Absorptionsmessung [75] und Interferometrie [73] nachgewiesen werden. Durch die Anregung werden die Silizium-Sauerstoff-Bindungen im Material geschwächt [76], wodurch Defekte entstehen, die durch die strukturelle Umverteilung von Atomen zustande kommen.

Die Bildung von Defekten wird maßgeblich durch die Dichte der freien Elektronen im Material bestimmt. Laserpulse mit zeitlich modulierbarer Intensitätsverteilung zeigen einen großen Einfluss auf die induzierte Materialmodifikation. Bei der Bearbeitung von Dielektrika mittels Pulsen mit Subpikosekunden zeitlichem Abstand in Form von Doppel- und Dreifachpulsen werden weniger Spannungen und Risse erzeugt als bei Einzelpulsen [68]. Bei der Strukturierung von Wellenleitern mit Doppelpulsen ist die Brechungsindexvergrößerung sowie die Dämpfung abhängig von ihrem zeitlichen Abstand für $\Delta t \leq 200$ ps [77]. Bei den bisherigen Experimenten in Quarzglas werden Doppelpulse mit maximal $\Delta t = 200$ ps verwendet. Theoretische Überlegungen legen allerdings eine Vergrößerung des zeitlichen Abstandes bis in den Nanosekundenbereich für eine genaue Untersuchung des Einflusses der Doppelpulse nahe [78]. Damit soll die zeitliche Resonanz induzierter Defekte quantifizierbar werden.

Exziton

Mit dem Begriff Exziton wird ein gebundener Elektron-Loch-Zustand in einem Isolator oder einem Halbleiter beschrieben. Er entsteht durch die Anregung von Elektronen aus dem Grundzustand des Valenzbandes heraus. Als sogenannte gefangene Exzitonen (STE, engl. self-trapped-excitons) werden transient aufgebrochene Bindungen von Silizium- und Sauerstoffatomen beschrieben. Das Elektron der aufgebrochenen Bindung ist am Siliziumatom lokalisiert, während das Loch am Sauerstoffatom in einem $2p$-Orbital lokalisiert ist. Das Siliziumatom bildet mit den verbleibenden drei Nachbarionen eine sp^2-Hybridisierung mit trigonal-planarer Struktur. Die Sauerstoffatome sind im Vergleich zum nicht-angeregten Zustand um $d = 0,3 - 0,4$ Å von ihrer ursprünglichen Gitterposition verschoben [75, 79]. Auf diese Weise rufen Exzitonen eine Änderung der atomaren Struktur hervor. Mit Hilfe der Dichtefunktionaltheorie (DFT) lassen sich die Aufenthaltswahrscheinlichkeiten des Elektrons und des Lochs eines Exzitons im Material ermitteln. Für die Berechnung in Quarzkristall wird von Ismail-Beigi eine Einheitszelle bestehend aus 18 Atomen zu Grunde gelegt [30]. Um die thermische Fluktuation der Atome zu berücksichtigen, sind die Atome zufällig um $d = 0,02$ Å verschoben. Die Berechnung zeigt, dass das Loch ebenso wie das Elektron der aufgebrochenen Bindung stark lokalisiert sind (Abb. 4.3).

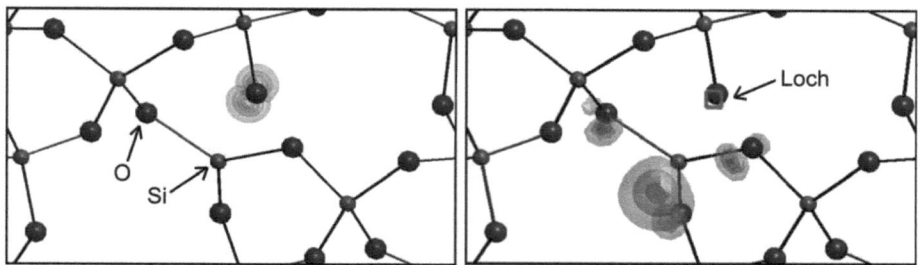

Abb. 4.3: Aufenthaltswahrscheinlichkeit des Lochs (links) und des Elektrons, wenn sich das Loch im markierten Bereich des Quadrats befindet (rechts). Ebenen gleicher Wahrscheinlichkeit sind jeweils für 80 %, 60 %, 40 % und 20 % des Maximums dargestellt, nach [80]

Nach der Bestrahlung mit hochenergetischen Elektronenpulsen ($E = 2\,\text{MeV}$) nimmt das Exziton in kristallinem und amorphem Quarz in drei von vier Fällen einen angeregten Triplett-Zustand ein (vgl. Abb. A.4 im Anhang), der bei $E = 5,5\,\text{eV}$ ($\lambda = 226\,\text{nm}$) absorbiert [81]. In dieser Konfiguration ist die Energie des Systems um $\Delta E = 2\,\text{eV}$ verringert und wird gemäß quantenmechanischer Auswahlregeln eingenommen [80]. Die Lebensdauer der Exzitonen im Triplett-Zustand kann bei kleinen Temperaturen bis zu einer Millisekunde betragen [80, 82]. In einem von vier Fällen werden Exzitonen im Singulett-Zustand gebildet (vgl. Abb. A.4 im Anhang), die bei einer Energie von $E = 2,8\,\text{eV}$ ($\lambda = 443\,\text{nm}$) im blauen Spektralbereich strahlend relaxieren [81].
Erfolgt die Anregung dagegen optisch mittels Photonen der Laserstrahlung, werden ausschließlich Exzitonen im Singulett-Zustand erzeugt. Die Anregung der Exzitonen erfolgt gemäß der Auswahlregeln der Quantenmechanik in einen Singulett-Zustand, da Photonen Bosonen mit der Spinquantenzahl $s = 1$ sind. Die Anregung in den Triplett-Zustand ist in diesem Fall dipolverboten.
In Siliziumdioxid werden freie Ladungsträger innerhalb einiger Femtosekunden angeregt, was die Bildung von Exzitonen innerhalb von $t = 150\,\text{fs}$ nach Eintreffen des Laserpulses ermöglicht [74, 75]. Exzitonen werden durch Laserstrahlung induziert oder sie entstehen durch eine spontane Verschiebung der Gitterstruktur. Da sie zeitlich instabil sind, relaxieren die Exzitonen und bilden sogenannte Farbzentren. Mit Farbzentren werden jegliche Art von Defekten der Silizium- und Sauerstoffbindungen bezeichnet.

Farbzentrum

Farbzentren beschreiben die durch Laserstrahlung induzierten Defekte der Silizium- und Sauerstoffbindungen und liegen entweder zeitlich stabil oder zeitlich instabil vor. Zeitlich instabile Farbzentren relaxieren entweder zu einem zeitlich stabilen Defekt oder die Bindungen zwischen den Atomen werden wiederhergestellt, so dass sich die Gitterstruktur vollständig zurückbildet und keine permanente Dichte- und damit Brechungsindexänderung verbleibt.
Das E'-Zentrum [1] ist ein charakteristisches Beispiel für einen Defekt der Silizium- und Sauerstoffbin-

---

[1]Chemische Notation $\equiv Si^{\bullet}$ oder $\equiv Si^{\bullet} Si \equiv$

dungen, das als Farbzentrum bezeichnet wird. Es entspricht einer positiv geladenen Sauerstofffehlstelle. Im Einzelnen besteht ein E'-Zentrum aus einem elektrisch neutralen Siliziumatom mit freiem Elektron in offener Bindung (Abb. 4.4a), einem positiv geladenen Siliziumion (Abb. 4.4b) und einem benachbart gebundenen Sauerstoffatom mit negativer Partialladung δ^{2-} (Abb. 4.4c).

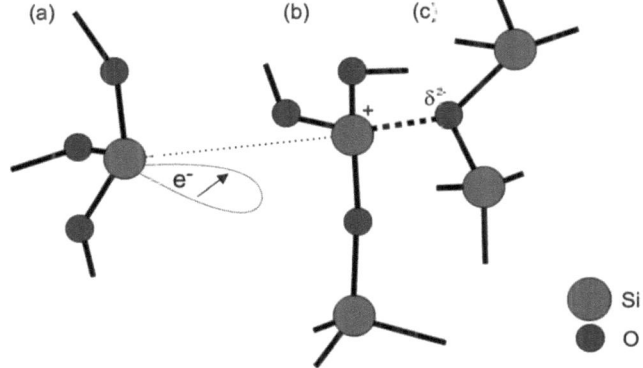

Abb. 4.4: Schematische Darstellung eines E'-Zentrums, das aus einem elektrisch neutralen Siliziumatom mit freiem Elektron in offener Bindung (a), einem positiv geladenen Siliziumion (b) und einem benachbart gebundenen Sauerstoffatom mit negativer Partialladung δ^{2-} (c) besteht, nach [83]

Ein Sauerstoffatom sowie ein Elektron fehlen in der aufgebrochenen Bindung der atomaren Struktur. Dadurch verbleibt ein nichtgebundenes Elektron am Siliziumatom, welches weiterhin elektrisch neutral ist (Abb. 4.4a). Diese Teilstruktur richtet sich durch den Einfluss des Elektrons an einem weiteren Siliziumatom aus, das aufgrund des fehlenden Elektrons der aufgebrochenen Bindung nun einfach positiv geladen ist (Abb. 4.4b). Das Siliziumatom hat nur noch drei verbleibende Sauerstoffatome als Bindungspartner. Es wird aber durch ein benachbartes Sauerstoffatom in seiner Lage stabilisiert (Abb. 4.4c). Insgesamt ist das E'-Zentrum aufgrund des positiv geladenen Siliziumatoms positiv geladen. Da in der Bindung ein Sauerstoffatom fehlt, wird das E'-Zentrum auch positiv geladene Sauerstofffehlstelle genannt.

E'-Zentren sind durch die Absorption bei der Energie $E = 6,2\,\text{eV}$ ($\lambda = 200\,\text{nm}$) charakterisiert [84] und werden mittels Elektronenspinresonanz nachgewiesen [85]. Unter Einbindung eines zusätzlichen Elektrons kann das E'-Zentrum elektrisch neutral werden und damit zu einer neutral geladenen Sauerstofffehlstelle relaxieren (NBOHC, engl. non-bridging-oxygen-hole-center). Die neutral geladenen Sauerstofffehlstellen [2] absorbieren Strahlung der Energie $E = 2\,\text{eV}$ ($\lambda = 620\,\text{nm}$) [75] und weisen ein spektral breites Emissionsband bei $E = 1,9\,\text{eV}$ ($\lambda = 650\,\text{nm}$) auf, das mittels Fluoreszenzmikroskopie experimentell nachgewiesen werden kann [86]. Sie sind zeitlich stabil [75], so dass sie zu einer permanenten Dichte- und damit Brechungsindexänderung im Material führen können.

---

[2]Chemische Notation $\equiv Si-O^{\bullet}$

Nanoplanes

Laserinduzierte, periodische Nanostrukturen sind parallele Ebenen mit Periodenlängen kleiner als die Wellenlänge der verwendeten Laserstrahlung. Sie können bei einer Überfahrt des Laserfokus in Metallen und Dielektrika erzeugt werden [87]. Eine mögliche Erklärung für die kleine Periodenlänge ist eine Art der Selbstorganisation während der Relaxation der angeregten und instabilen Oberfläche [88]. Nanostrukturen auf der Oberfläche werden Riffel, Nanostrukturen im Volumen Nanoplanes genannt. Sie bilden sich senkrecht zur Polarisationsrichtung der Laserstrahlung aus und werden nach einem nasschemischen Ätzprozess mit einer Ätzflüssigkeit wie beispielsweise Flusssäure mittels Rasterelektronenmikroskopie sichtbar (Abb. 4.5).

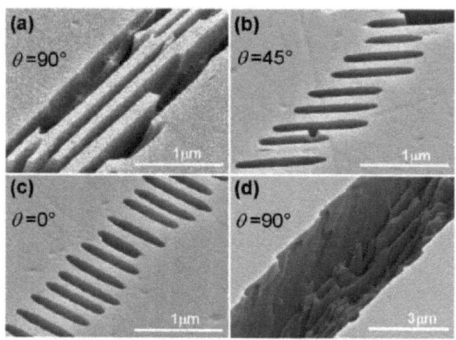

Abb. 4.5: Rasterelektronenmikroskopische Aufnahmen von periodischen Nanostrukturen in Quarzglas für die indizierten Winkel θ zwischen Verfahrrichtung und Polarisation der Laserstrahlung mit $E_p = 0{,}3\,\mu J$ (a-c) und $E_p = 0{,}9\,\mu J$ (d) [89]

Die Periodenlänge der Nanoplanes ist material- und wellenlängenabhängig und beträgt für Quarzglas wenige hundert Nanometer [87]. Allerdings kann kein einfaches mathematisches Modell zur Berechnung der Periodenlänge angegeben werden [90]. Nanoplanes werden als Folge elektronischer Prozesse im Fokusvolumen angesehen [91], die einen Einfluss auf die Propagation von Strahlung innerhalb eines Wellenleiters haben und beispielsweise zu Doppelbrechung führen können.

4.2.4 Thermische Prozesse

Zusätzlich zu einer elektronisch induzierten Brechungsindexänderung werden strukturelle und damit optische Eigenschaften der Glasmatrix auch aufgrund von thermischen Prozessen hervorgerufen. Durch fokussierte Laserstrahlung werden im Material freie Elektronen erzeugt. Die Energie der Elektronen wird durch die Elektron-Phonon-Wechselwirkung auf das Gitter übertragen und eine thermische Bewegung der Atome ausgelöst. Der phononische Prozess findet auf einer Zeitskala im Nano- bis Mikrosekundenbereich statt [67]. Das Material wird im Fokusvolumen der fokussierten Laserstrahlung lokal aufgeheizt und schmilzt. Ein Kompressionsdruck entsteht, da das erwärmte Material aufgrund des umgebenden, kalten Materials nicht frei expandieren kann [92]. Je nach vorherrschender Temperatur wird eine plastische Verformung im Zentrum des bestrahlten Bereichs oder eine elastische Verformung in den Randbereichen des Zentrums hervorgerufen [93]. Beim Abkühlen über

Wärmetransport durch Wärmeleitung und -strahlung verbleibt die verdichtete Zone im Zentrum, da sich der thermische Druck vollständig, der Kompressionsdruck aber nur teilweise abbaut [92]. Die Dichte des Randbereichs ist im Vergleich zum Fokusvolumen verkleinert, da die Kompression im Randbereich zurückgebildet wird. Die lokale Verdichtung im Fokus führt zu einem vergrößerten Brechungsindex, der zur Führung von elektromagnetischer Strahlung beispielsweise als Wellenleiter verwendet werden kann. Die Brechungsindexmodifikation kann damit als Folge von irreversiblen Dichteänderungen im Material beschrieben werden, was durch resultierende Spannungen nachgewiesen wird [61].

Analog zur Verwendung von Doppelpulsen mit zeitlichen Abständen im Pikosekundenbereich zur Generierung elektronischer Prozesse wird eine thermisch induzierte Modifikation durch zeitlich geformte Laserpulse im Nano- bis Millisekundenbereich erreicht. In eigenen Untersuchungen werden präzise geformte Bohrungen in Glas mittels Laserbursts mit zwei bis sechs Laserpulsen mit einem zeitlichen Abstand von $\Delta t = 26$ ns erzielt [60]. Im Vergleich zu Einzelpulsen wird in den bestrahlten Bereich stetig Wärme eingebracht und so die Bildung von Rissen weitgehend verhindert.

Wärmeakkumulation

Durch einen großen Überlapp der Laserpulse (beispielsweise für $f \geq 0,5$ MHz bei $v = 1 \frac{mm}{s}$) werden thermische Prozesse und damit eine Vergrößerung der wärmebeeinflussten Zone im Material hervorgerufen. Die thermische Diffusionszeit beträgt $t \approx 1 \mu s$ für ein Volumen von $V = 1 \mu m^3$ in Quarzglas [94]. Treffen die einzelnen Laserpulse in einer Zeit $t < 1 \mu s$ auf das Material, kann die Wärme nicht ausreichend schnell aus dem Wechselwirkungsbereich abgeleitet werden. Die mittlere Temperatur steigt mit dem Auftreffen jedes neuen Laserpulses bis zu einer Sättigungstemperatur an und die Viskosität im bestrahlten Bereich wird verringert. Eine Brechungsindexmodifikation aufgrund von Materialverschiebung wird durch Wärmeakkumulation begünstigt. So kann die Ausdehnung entstehender, modifizierter Bereiche um mehr als den Faktor 10 größer werden als der Fokusradius der fokussierten Laserstrahlung [95]. Da sich die Wärme isotrop ausbreitet, sind die erzeugten Strukturen zumeist rotationssymmetrisch.

In Glas tritt Wärmeakkumulation typischerweise bei Repetitionsraten $f > 200$ kHz auf. Bei konstanter Repetitionsrate wird durch eine Verkleinerung der Verfahrgeschwindigkeit sowie eine größere Pulsenergie das Einsetzen von Wärmeakkumulation begünstigt [94, 96]. Bei einer Repetitionsrate von $f = 200$ kHz liegt die Energieschwelle für Borosilikatglas bei ca. $E_p = 900$ nJ, während sie für $f = 2$ MHz bei $E_p = 80$ nJ liegt (Abb. 4.6).

Bei kleineren Repetitionsraten kann Wärmeakkumulation demnach durch eine vergrößerte Pulsenergie ausgelöst werden, die die kleinere Wiederholrate der Laserpulse kompensiert. Der Einfluss der Verfahrgeschwindigkeit auf das Einsetzen von Wärmeakkumulation nimmt für steigende Repetitionsraten im Bereich $v = 2 - 40 \frac{mm}{s}$ ab (Abb. 4.6).

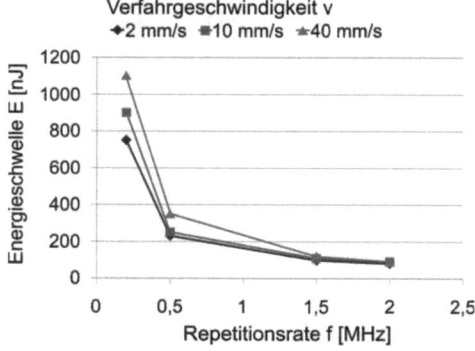

Abb. 4.6: Energieschwelle für das Einsetzen von Wärmeakkumulation in Abhängigkeit von der Repetitionsrate für verschiedene Verfahrgeschwindigkeiten in Borosilikatglas Corning Eagle 2000, nach [96]

Durch die Wahl großer Repetitionsraten ($f > 200\,\text{kHz}$) bzw. großer Pulsenergien ($E_p > 1\,\mu\text{J}$) wird also der Effekt einer thermisch induzierten Brechungsindexmodifikation durch Wärmeakkumulation und das Aufschmelzen sowie die Wiedererstarrung des Materials hervorgerufen.

Kapitel 5

Eigenschaften von Gläsern

5.1 Chemische Zusammensetzung von Gläsern

Die Hauptbestandteile von Glas sind Silizium Si und Sauerstoff O, die im Material SiO_4-Tetraeder bilden. Die Atome weisen im Glas keine geordnete Struktur auf, sondern bilden ein unregelmäßiges Muster [97]. Glas wird deshalb als amorph bezeichnet. Die Bindungswinkel und Abstände der Atome sind nicht konstant, so dass lediglich eine Nahordnung im Material besteht (Abb. 5.1, links). Die tetraedrige Grundstruktur aus Silizium- und Sauerstoffatomen ist in allen drei Raumdimensionen verzerrt.
Kristalle weisen im Vergleich zu Gläsern eine Fernordnung der Atome mit konstantem Gitterabstand auf (Abb. 5.1, rechts). Die Atome sind regelmäßig und periodisch im Kristallgitter angeordnet.

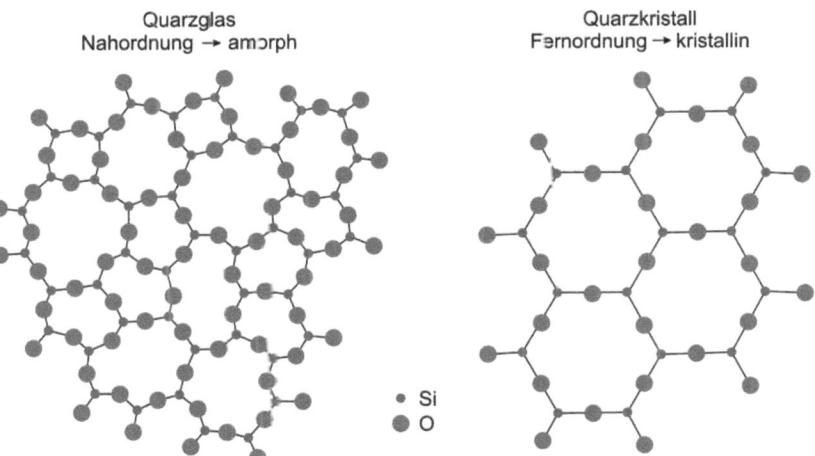

Abb. 5.1: Atomare Struktur von Quarzglas (links) und Quarzkristall (rechts). In der zweidimensionalen Darstellung ist die jeweils vierte Oxidbindung des Siliziumatoms in die dritte Dimension nicht dargestellt, nach [97]

Gläser sind ebenso wie Kristalle Festkörper, die aber keinen definierten Gefrier- oder Schmelzpunkt aufweisen. Vielmehr nimmt die Viskosität beim Erhitzen ab und das mechanische Verhalten des Glases ändert sich. Der sogenannte Transformationsbereich grenzt den Temperaturbereich für den Zustand des Glases zwischen Schmelze und Festkörper ein. Da sich Gläser nicht im thermischen Gleichgewicht befinden, wird die fiktive Temperatur T_f definiert. Dem Zustand der Glasstruktur bei Raumtemperatur wird ein entsprechender Gleichgewichtszustand bei der Temperatur T_f zugeordnet, dem ein schneller Abkühlvorgang auf Raumtemperatur folgt [98]. Im thermischen Gleichgewicht ist der Brechungsindex des Glases zeitlich konstant [99]. Die fiktive Temperatur des Glases steigt bei zunehmenden Abkühlraten während des Herstellungsprozesses. Im Relaxationsprozess werden keine Kristallkeime im Material gebildet und das Glas ähnelt einer eingefrorenen, unterkühlten Flüssigkeit. Gläser sind Dielektrika mit einer großen Bandlücke zwischen Valenz- und Leitungsband von $\Delta E >$ 3 eV. Ohne aktive Energieeinwirkung liegen im Glas keine freien Ladungsträger in Form von Elektronen vor. Durch die energetische Anregung mit Laserstrahlung kann die Bandlücke überwunden und freie Elektronen erzeugt werden (vgl. Kap. 4.2.2).

Bei Gläsern wird die Topologie durch die Häufigkeit und Anordnung von Ringstrukturen beschrieben. Ein j-gliedriger Ring ist durch die kürzeste Verbindung definiert, die sich aus $2j$ Silizium-Sauerstoff-Bindungen zusammensetzt [100]. Ein dreigliedriger Ring besteht folglich aus sechs Silizium-Sauerstoff-Bindungen (Abb. 5.2).

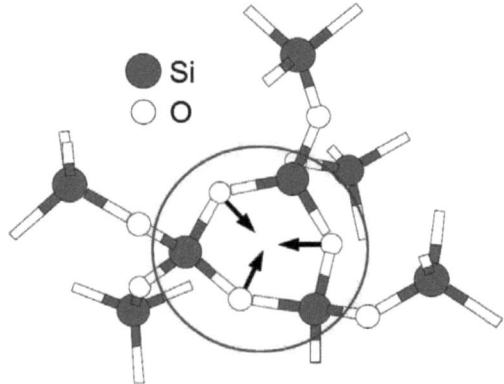

Abb. 5.2: Dreigliedriger Ring mit sechs Bindungen zwischen Silizium- und Sauerstoffatomen in Quarzglas. Die Pfeile markieren die Bewegung der Sauerstoffatome, nach [101].

Im unbehandelten Zustand des Glases liegt das Maximum der Häufigkeitsverteilung bei sechsgliedrigen Ringen [100, 101]. Durch die Energieeinwirkung von Laserstrahlung kann diese Häufigkeitsverteilung verändert werden. Mittels molekular-dynamischer Simulationen wird die Auswirkung von laserinduzierten Schockwellen im Glas berechnet. Nach der Relaxation des Materials ist eine Vergrößerung bei der Häufigkeit drei- und viergliedriger Ringe zu beobachten, wohingegen die Häufigkeit der sechsgliedrigen Ringe von 33 % auf 25 % abnimmt [100]. Die Bindungswinkel zwischen

Silizium- und Sauerstoffatomen sind bei den drei- und viergliedrigen Ringen kleiner als bei den sechsgliedrigen. Demzufolge sind die atomaren Abstände verkleinert und das Glas weist in den bestrahlten Bereichen eine vergrößerte Dichte auf, die mit einer positiven Brechungsindexänderung einhergeht. Zusätzlich bedeutet eine Umverteilung in der Häufigkeit der Ringstrukturen die Bildung von Störstellen in der atomaren Struktur. Dadurch werden Änderungen in den elektronischen Eigenschaften des Materials hervorgerufen [100].

Mittels Raman-Spektroskopie wird ein Schwingungsprozess in Form einer kohärenten Bewegung der Sauerstoffatome (Abb. 5.2) in den drei- und viergliedrigen Ringstrukturen angeregt und damit ihre Existenz nachgewiesen [101, 102]. Bei Anregung mit einem Argon-Ionen-Laser mit einer Wellenlänge von $\lambda = 488\,\text{nm}$ werden zwei Maxima im Raman-Spektrum bei $k = 490\,\text{cm}^{-1}$ und $k = 605\,\text{cm}^{-1}$ beobachtet, die jeweils der Anregung von vier- und dreigliedrigen Ringstrukturen zugeordnet werden [103]. Die Siliziumatome werden dabei nicht oder nur kaum angeregt [102].

5.2 Untersuchte Gläser

5.2.1 Borosilikatglas D263

Das Borosilikatglas D263 besteht aus ca. 57 Gewichtsprozent Siliziumdioxid (SiO_2) [104]. Bortrioxid (B_2O_3), das zu ca. 9 Gewichtsprozent im Glas vorliegt, gibt dem Borosilikatglas seinen Namen. Neben Siliziumdioxid wirkt in Borosilikatglas zusätzlich Bortrioxid als Netzwerkbildner. Alkalioxide wie Natrium- und Kaliumoxid weisen einen Anteil von insgesamt 16 Gewichtsprozent auf, weshalb D263 als alkalihaltiges Glas bezeichnet wird.

Die Bandlücke eines transparenten, amorphen Materials kann experimentell mittels des Absorptionskoeffizienten α und des sogenannten Tauc-Plots bestimmt werden [105] (Abb. 5.3).

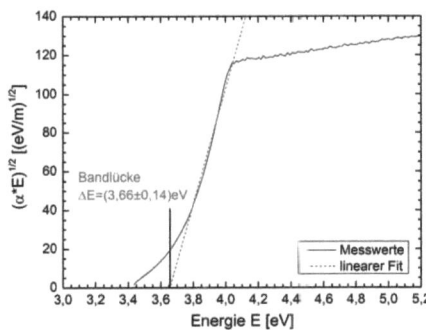

Abb. 5.3: Tauc-Plot zur Bestimmung der Bandlücke ΔE von D263

Der Exponent $\frac{1}{2}$ auf der y-Achse repräsentiert den indirekten Bandübergang, der im Glas vorliegt (Abb. 5.3). Der Schnittpunkt der gefitteten Regressionsgeraden mit der x-Achse gibt die Bandlücke von D263 mit $\Delta E = (3{,}66 \pm 0{,}14)\,\text{eV}$ an.

Der Brechungsindex des Borosilikatglases D263 beträgt nach Herstellerangaben $n = 1,5204$ bei der Wellenlänge $\lambda = 656\,\text{nm}$ [106].

5.2.2 Quarzglas

Quarzglas besteht zu nahezu 100 % aus reinem Siliziumdioxid (SiO_2) und enthält im Vergleich zu Borosilikatglas keine Beimengung von Halbleitern oder Metallen. Siliziumdioxid fungiert als Netzwerkbildner und formt die molekulare Grundstruktur des Glases. Der Zusatz des Begriffs Suprasil beschreibt ein durch Flammenhydrolyse aus Siliziumtetrachlorid ($SiCl_4$) synthetisch hergestelltes Quarzglas, das einen hohen Grad an Reinheit mit einer Kontamination durch Fremdstoffe von wenigen ppm (parts per million) aufweist [107]. Blasen und Einschlüsse müssen beim Herstellungsprozess vermieden werden, um die technischen und optischen Eigenschaften des Glases aufrecht zu erhalten. Quarzglas weist eine große Bandlücke von $\Delta E \approx 9\,\text{eV}$ auf [108, 109]. Aufgrund der unterschiedlichen Elektronegativitäten von Silizium ($\chi = 1,9\,\text{eV}$) und Sauerstoff ($\chi = 3,4\,\text{eV}$) liegen die Bindungen von Quarzglas im Grenzfall zwischen ionischem und kovalentem Charakter [108, 110]. Die partiell negative Ladung ist wegen der größeren Elektronegativität am Sauerstoffatom lokalisiert.
Die Angabe des Herstellers für den Brechungsindex des verwendeten Quarzglases Suprasil beträgt $n = 1,4564$ bei einer Wellenlänge von $\lambda = 656\,\text{nm}$ [107].

Die physikalischen Eigenschaften der verwendeten Gläser sind in der Tabelle 5.1 zusammenfassend dargestellt:

	Borosilikatglas D263	Quarzglas Suprasil
Brechungsindex $n\ (\lambda = 656\,\text{nm})$	1,5204 [106]	1,4564 [107]
therm. Ausdehnungskoeff. $\alpha_t\ [10^{-6}/K]$	7,2 [106] [1]	0,59 [107] [2]
Wärmeleitfähigkeit $\kappa\ [W/m\,K]$	1,07 [111]	1,38 [54, 107] [3]
spez. Wärmekapazität $c_p\ [J/g\,K]$	0,82 [106] [4]	0,772 [107] [5]
Transformationstemperatur $T_g\ [°C]$	557 [106]	1510 [54]
Dichte $\rho\ [g/cm^3]$	2,51 [106]	2,2 [12, 107]

	Borosilikatglas D263	Quarzglas Suprasil
Temperaturleitfähigkeit a [$10^{-3} cm^2/s$]	3-4 [112]	8 [112]
Bandlücke ΔE [eV]	3,66 (Abb. 5.3)	9 [108, 109]

[1] gemessen von $T = 20\,°C$ bis $T = 300\,°C$
[2] gemessen von $T = 0\,°C$ bis $T = 300\,°C$
[3] gemessen bei $T = 20\,°C$
[4] gemessen von $T = 20\,°C$ bis $T = 100\,°C$
[5] gemessen von $T = 0\,°C$ bis $T = 100\,°C$

Tab. 5.1: Physikalische Eigenschaften der verwendeten Gläser

Kapitel 6

Eingesetzte Anlagen- und Systemtechnik sowie Analyseverfahren

6.1 Anlagen- und Systemtechnik

In dieser Arbeit werden zwei verschiedene Faserlaser für die experimentelle Untersuchung (vgl. Kap. 7) zur Strukturierung der Wellenleiter verwendet. Beide Lasersysteme emittieren ultrakurz gepulste Laserstrahlung im nahinfraroten Spektralbereich.

1. Der Faserlaser FCPA µJewel D-1000 der Firma IMRA America emittiert linear polarisierte Laserpulse der Wellenlänge $\lambda = 1043$ nm bei einer einstellbaren Repetitionsrate von $f = 0,1 - 5$ MHz und einer Pulsdauer von $\tau_p = 440$ fs. Die mittlere Ausgangsleistung des Lasersystems beträgt $P_{av} = 1,25 - 1,57$ W bei einer Beugungsmaßzahl der Laserstrahlung von $M^2 = 1,6$. Die Laserpulse werden gemäß der Technik FCPA (fiber-chirped-pulse-amplification) [113, 114] im Lasersystem verstärkt. Zunächst werden im Faseroszillator Pulse mit einer Repetitionsrate von $f = 74$ MHz und einer Pulsdauer von $\tau_p = 200$ fs erzeugt. Die Pulse werden entsprechend der einstellbaren Repetitionsrate von $f = 0,1 - 5$ MHz mit einem akustooptischen Modulator ausgewählt und im Stretcher, der aus einer dispersiven Lichtleitfaser besteht, auf $\tau_p = 100$ ps zeitlich gestreckt. In zwei Faserverstärkerstufen werden die Pulse energetisch verstärkt und anschließend im Kompressor auf eine Pulsdauer von $\tau_p = 440$ fs komprimiert.

2. Das zweite Lasersystem, das in dieser Arbeit zur Strukturierung von Wellenleitern verwendet wird, ist der Faserlaser Satsuma der Firma Amplitude Systèmes. Die emittierte Laserstrahlung ist linear polarisiert und weist die Wellenlänge $\lambda = 1030$ nm bei einer Pulsdauer von $\tau_p = 480$ fs auf. Die Repetitionsrate der Laserpulse ist einstellbar im Bereich $f = 0,1 - 27$ MHz, wobei die mittlere Leistung des Lasersystems $P_{av} = 5$ W beträgt. Die Laserstrahlung ist mit der Beugungsmaßzahl $M^2 = 1,2$ nahezu beugungsbegrenzt. Die Pulse dieses Lasersystems werden ebenfalls mittels der Technik FCPA verstärkt.

Die zentralen Kenngrößen der beiden verwendeten Lasersysteme sind in Tabelle 6.1 zusammengefasst.

Strahlquelle	mittl. Leistung P_{av} [W]	Wellenlänge λ [nm]	Repetitionsrate f [MHz]	Pulsdauer τ_p [fs]
µJewel	0,25-1,57	1043±2	0,1-5	440
Satsuma	5	1030±5	0,1-27	480

Tab. 6.1: Zentrale Kenngrößen der verwendeten Lasersysteme µJewel und Satsuma

Die Pulsenergie der von den Lasersystemen (L1) emittierten Laserstrahlung wird mittels einer Kombination aus $\lambda/2$-Platte (W1) und Dünnschichtpolarisator (P1) eingestellt (Abb. 6.1). Zur lokalen Veränderung des Brechungsindex wird die Laserstrahlung mit einem Mikroskopobjektiv (O1) der numerischen Apertur NA_{Ob} (vgl. Tab. A.1 im Anhang) in einer Tiefe von $d = 150\,\mu m$ unterhalb der Oberfläche der Glasprobe (G1) fokussiert. In dem Fokusvolumen werden aufgrund der großen Intensitäten der Laserstrahlung ($I \approx 10^7 \frac{W}{cm^2}$) Strukturveränderungen erreicht. An der Oberfläche der Proben ist die Intensität hingegen so gering, dass eine Modifikation und damit eine Beschädigung vermieden wird.

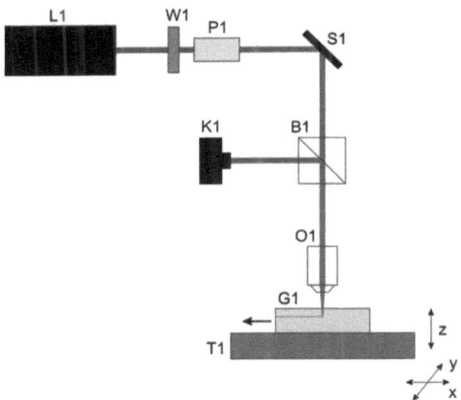

Abb. 6.1: Schematische Darstellung des Versuchsaufbaus

Die Glasprobe wird in der x-y-Ebene senkrecht zur Propagationsrichtung der Laserstrahlung (z-Achse) mit der Positionieranlage Microstep der Firma Kugler (T1) verfahren. Die absolute Genauigkeit der Anlage liegt bei $\Delta x = 100\,nm$ und die maximale Verfahrgeschwindigkeit beträgt $v_{max} = 2\,\frac{mm}{s}$. Der Strahlteilerwürfel (B1) und die CCD-Kamera (K1) werden zur optischen Prozesskontrolle während der Strukturierung der Wellenleiter verwendet.

Für die Strukturierung mittels Doppelpulsen wird der experimentelle Aufbau (Abb. 6.1) mit einem Michelson-Interferometer erweitert (Abb. 6.2). Die Energie der von der Laserstrahlquelle emittierten Einzelpulse wird mittels eines Strahlteilerwürfels (B2) im Verhältnis 50:50 geteilt. Einer der Pulse propagiert im festen Arm des Interferometers, während der zweite den beweglichen Arm durchläuft.

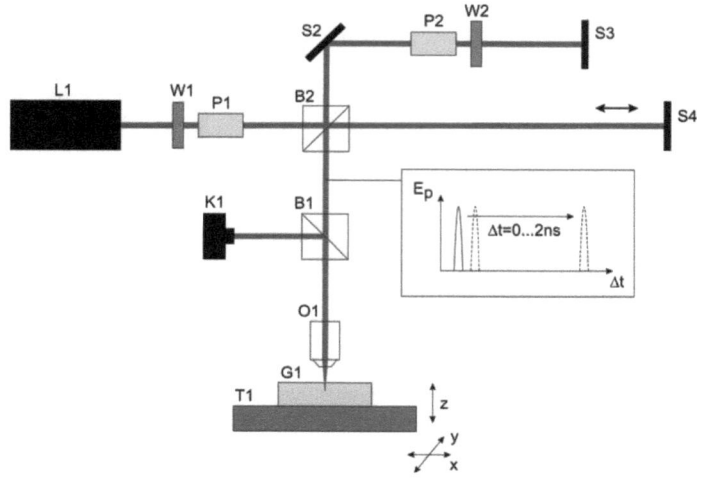

Abb. 6.2: Schematische Darstellung des Versuchsaufbaus zur Erzeugung der Doppelpulse

Im festen Arm befinden sich eine $\lambda/4$-Platte [1] (W2) und ein Dünnschichtpolarisator (P2), mit denen die Energie des Pulses kontinuierlich reduziert werden kann. Der zweite Puls durchläuft den beweglichen Arm des Interferometers mit einer Verzögerungsstrecke von bis zu $l = 1,5\,\text{m}$ Länge. Der Endspiegel (S4) dieses Arms wird mit einer Genauigkeit von $\Delta l = 5\,\mu\text{m}$ positioniert. Mit Hilfe der Verzögerungsstrecke wird der zeitliche Abstand Δt der beiden Pulse nach der Vereinigung durch den Strahlteilerwürfel (B2) eingestellt. Die Genauigkeit der Positionierung entspricht dem Fehler $\sigma_{\Delta t} = \pm 33\,\text{fs}$ für die Einstellung des zeitlichen Abstandes bei $\Delta t \neq 0$.

Wird die Länge des beweglichen Arms in Relation zum festen Arm verkürzt, entspricht die Strahlung im beweglichen Arm dem ersten Puls der Doppelpulse. Die Energie des zweiten Pulses im festen Arm kann nun über die Einheit aus $\lambda/4$-Platte (W2) und Polarisator (P2) eingestellt werden, wodurch das Energieverhältnis V_E der Pulse untereinander variiert wird. Dementsprechend propagiert der erste Puls im festen Arm des Interferometers, falls die Verzögerungsstrecke verlängert wird.

Für die Strukturierung der Wellenleiter ist gleichzeitig die räumliche und zeitliche Überlagerung der Doppelpulse im Fokus der Strahlung erforderlich. Die räumliche Überlagerung wird durch die Abbildung des Fokus auf eine CCD-Kamera überprüft und durch entsprechende Justierung der Spiegel (S2 und S4) korrigiert. Die zeitliche Überlagerung wird mittels eines Kristalls zur Frequenzverdopplung getestet, der zwischen den beiden Strahlteilerwürfeln (B1 und B2) in den Strahlengang gebracht wird. Sind beide Arme des Interferometers gleich lang, ist eine um das Vierfache vergrößerte Ausgangsleistung der frequenzverdoppelten Strahlung zu beobachten. Damit ist der zeitliche Nullpunkt $\Delta t = 0$ der Doppelpulse bestimmt.

---

[1] Da die Strahlung die $\lambda/4$-Platte zweimal durchläuft, hat diese effektiv die Wirkung einer $\lambda/2$-Platte.

6.2 Analyseverfahren

6.2.1 Messung der transmittierten Leistung

Während der Strukturierung wird die transmittierte Leistung der Laserstrahlung nach Transmission durch die Probe mit einem Leistungsmesskopf gemessen und zeitlich abhängig aufgezeichnet. Dafür wird die Probe auf einem Objektträger platziert, unter dem der Leistungsmesskopf angebracht wird. Um sicherzustellen, dass die gesamte transmittierte Strahlung erfasst wird, wird der Messkopf im durch die Konstruktion bedingten minimalen Abstand unterhalb des Objektträgers platziert (Abb. 6.3). Trotzdem kann aufgrund der begrenzten Detektorfläche die Leistungsmessung nur bei Mikroskopobjektiven mit $NA_{Ob} = 0{,}4$ durchgeführt werden. Für $NA_{Ob} > 0{,}4$ ist der Divergenzwinkel der Strahlung zu groß.

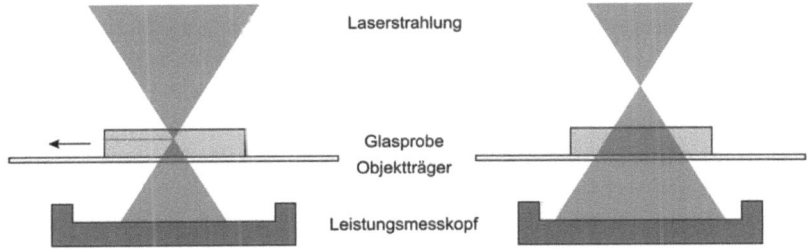

Abb. 6.3: Schematische Darstellung für die Messung der transmittierten Leistung während der Strukturierung der Wellenleiter (links) und die Referenzmessung mit dem Fokus oberhalb der Glasprobe (rechts).

Zur Referenz wird die transmittierte Leistung gemessen, wenn sich der Laserfokus oberhalb der Probenoberfläche befindet (Abb. 6.3 rechts). Dadurch sind die Reflexionen an den Grenzflächen der Probe und des Probenhalters (Objektträger) mitberücksichtigt.

6.2.2 Mikroskopie

Die Querschnittsflächen der Wellenleiter werden zur Durchführung der Mikroskopie sowie der im Anschluss beschriebenen Analyseverfahren poliert. Mit der Poliermaschine PM5 der Firma Logitech werden die Querschnittsflächen zunächst geläppt, indem einige zehn Mikrometer Material mechanisch auf beiden Seiten der Probe abgetragen werden. Anschließend werden die Flächen auf optische Qualität poliert. Als Läppmittel wird Aluminiumdioxid (Al_2O_3) mit einer Korngröße von $d_{Korn} = 9\,\mu$m verwendet. Der Polierprozess wird mit der Poliersuspension SF5 durchgeführt, die eine Korngröße von $d_{Korn} = 32$ nm aufweist.

Lichtmikroskopie

Die strukturierten Wellenleiter werden mittels Lichtmikroskopie in Durchlicht bezüglich ihrer morphologischen Eigenschaften untersucht. Für eine geeignete Bildqualität wird das Mikroskop gemäß der Köhler-Beleuchtung eingestellt. Die Länge l und Breite b der Wellenleiterquerschnitte werden jeweils an der längsten bzw. breitesten Stelle im Querschnitt vermessen und mit den verwendeten Verfahrensparametern korreliert. Der Fehler bei der Vermessung der Querschnittsmaße mittels Lichtmikroskopie wird zu $\sigma_h = \sigma_b = \pm 0,5\,\mu m$ bestimmt. In den erstellten Graphen für die Querschnittsmaße wird dieser konstante Fehler der Übersichtlichkeit halber nicht dargestellt. In den gezeigten, lichtmikroskopischen Aufnahmen ist die Propagationsrichtung der Laserstrahlung stets von oben nach unten ausgerichtet.

Interferenzmikroskopie

Mittels Interferenzmikroskopie kann die zweidimensionale Brechungsindexverteilung der Wellenleiterquerschnitte quantitativ bestimmt werden. Für die Messung wird ein Zweistrahlinterferenz-Mikroskop mit einer Xenon-Bogenlampe als Lichtquelle und einem schmalbandigen Interferenzfilter ($\lambda = 546\,nm$) verwendet. Im Mikroskop ist ein Mach-Zehnder-Interferometer bestehend aus einem Objekt- und einem Referenzarm integriert. Das Licht der Beleuchtungsquelle wird in zwei kohärente Teilstrahlen aufgeteilt, die jeweils einen Arm des Interferometers durchlaufen. Für die Messung der Brechungsindexverteilung des Wellenleiters werden daher zwei Proben mit einer Dicke von $l < 1\,mm$ benötigt: ein strukturierte Probe mit den Wellenleitern und eine Referenzprobe. Die durch die Strukturierung erzeugte Phasendifferenz $\Delta\Phi$ zwischen den Teilstrahlen wird zur Berechnung der Brechungsindexverteilung $\Delta n(x,y)$ gemäß

$$\Delta n(x,y) = \frac{\Delta\Phi(x,y)}{l} \tag{6.1}$$

mit der Probendicke l verwendet (vgl. Kap. A.5 im Anhang).
Der Fehler auf den Wert der Brechungsindexänderung setzt sich aus dem Fehler auf die Bestimmung der Probendicke l und dem auf Phasendifferenz $\Delta\Phi$ zusammen. Da die Probenober- und -unterseite nicht parallel zueinander sind, wird auf die Probendicke ein Fehler von $\sigma_l = \pm 10\,\mu m$ angenommen. Die optische Phasendifferenz wird mit einer Genauigkeit von $\sigma_{\Delta\Phi} = \pm 2\,nm$ bestimmt. Damit ergibt sich für typische Werte von $l = 710\,\mu m$ und $\Delta\Phi = 250\,nm$ nach Gaußscher Fehlerfortpflanzung ein Fehler auf die Brechungsindexänderung von $\sigma_{\Delta n} = \pm 5 \cdot 10^{-6}$.

Rasterelektronenmikroskopie

Um die Untersuchung von Nanoplanes zu ermöglichen, werden die Proben nach dem Polierprozess in die Ätzflüssigkeit Kaliumhydroxid (KOH) in ein Ultraschallbad gegeben. Je nach verwendetem Material müssen die Ätzparameter entsprechend angepasst werden. Typische Werte sind eine Temperatur von $T = 80\,°C$, eine Ätzdauer von $t = 1 - 24\,h$ sowie eine Konzentration von $c = 8\,mol$ der Lösung. Durch den Prozess des nasschemischen Ätzens werden die laserstrukturierten Bereiche des Materials entfernt. Der unbestrahlte Teil des Materials wird von der Ätzflüssigkeit nahezu nicht beeinflusst. Bilden sich aufgrund der gewählten Verfahrensparameter Nanoplanes im strukturierten Material aus (vgl. S. 24), können sie mittels Rasterelektronenmikroskopie (REM) untersucht werden. Dazu wird die Probe geätzt und mit Gold besputtert.

6.2.3 Fernfelddivergenzmessung

Für die Bestimmung der numerischen Apertur der erzeugten Wellenleiter wird die Fernfelddivergenzmessung durchgeführt. Dazu wird die linear polarisierte Laserstrahlung eines Helium-Neon-Lasers (L1) mit der Wellenlänge $\lambda = 633\,\text{nm}$ mit einem Mikroskopobjektiv (O1) auf die polierte Eintrittsfacette des Wellenleiterquerschnitts der Glasprobe (G1) fokussiert (Abb. 6.4). Die Polarisation der Strahlung wird mit einem Polarisator (P1) entweder horizontal oder vertikal zur Tischebene eingestellt. Die numerische Apertur des Mikroskopobjektivs NA_{Ob} muss für eine korrekte Messung der numerischen Apertur zwingend größer als die des Wellenleiters sein (vgl. Abb. 4.1).

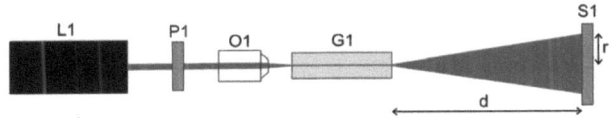

Abb. 6.4: Schematische Darstellung des experimentellen Aufbaus für die Bestimmung der numerischen Apertur NA

Die Strahlung propagiert innerhalb des Wellenleiters und tritt an der Austrittsfacette wieder aus. Im Abstand $d \approx 40\,\text{cm}$ hinter der Probe wird auf einem Schirm (S1) die Intensitätsverteilung der Strahlung beobachtet. Neben den geführten Moden treten sogenannte strahlende Moden auf, die als konzentrische Ringe um das Hauptmaximum sichtbar sind (Abb. 6.5). Sie entstehen durch Beugung und Interferenzeffekte des Anteils der Strahlung, die aus dem Wellenleiter herausgebrochen wird und durch das unmodifizierte Material propagiert. Die Breite des Intensitätsmaximums im Fernfeld wird zur Bestimmung der horizontalen numerischen Apertur (NA_h) horizontal $2r_h$ und zur Bestimmung der vertikalen numerischen Apertur (NA_v) vertikal $2r_v$ vermessen (Abb. 6.5).

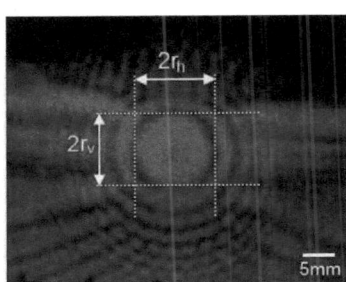

Abb. 6.5: Intensitätsverteilung im Fernfeld eines Wellenleiters ($\Delta t = 400\,\text{ps}$, $E_{ges} = 0,5\,\mu\text{J}$, $V_E = 60:40$, $NA_{Ob} = 0,6$)

Mit dem Radius des Intensitätsmaximums r und dem Abstand d lässt sich die numerische Apertur des Wellenleiters gemäß

$$NA = \sin\left(\arctan\left(\frac{r}{d}\right)\right) \tag{6.2}$$

berechnen. Der Fehler auf die numerische Apertur setzt sich aus dem Fehler auf den Abstand von der Austrittsfacette des Wellenleiters zum Schirm und auf den Radius des Intensitätsmaximums zusammen. Für den Abstand wird der Fehler mit $\sigma_d = \pm 0,1\,\text{cm}$ und für den Radius des Intensitätsmaximums auf $\sigma_r = \pm 0,25\,\text{mm}$ abgeschätzt. Als typische Werte gelten für den Abstand $d = 40\,\text{cm}$ und für den Radius $r = 10\,\text{mm}$. Mittels Gaußscher Fehlerfortpflanzung ergibt sich der Fehler auf die numerische Apertur somit zu $\sigma_{NA} = \pm 6,3 \cdot 10^{-4}$.

6.2.4 Nahfeldmessung

Um die Verteilung der geführten Moden im Querschnitt der Wellenleiter zu ermitteln, wird die Intensitätsverteilung der Moden auf der Austrittsfacette der Wellenleiter bestimmt. Der experimentelle Aufbau ähnelt dem für die Fernfelddivergenzmessung (vgl. Abb. 6.4). Jedoch wird statt des Schirms ein zweites Mikroskopobjektiv (O2) in Propagationsrichtung der Strahlung hinter der Probe ausgerichtet (Abb. 6.6).

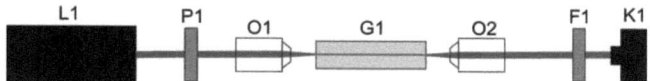

Abb. 6.6: Schematische Darstellung des experimentellen Aufbaus für die Bestimmung der geführten Moden im Nahfeld

Mit einer Linse (F1) wird die Strahlung auf den Chip einer CCD-Kamera (K1) abgebildet. Zur besseren Veranschaulichung der Intensitätsverteilung werden die schwarz/weiß-Bilder der CCD-Kamera in ein Falschfarbenbild umgewandelt (Abb. 6.7). Die Farbskala gibt die normierte Intensität der durch den Wellenleiter propagierten Strahlung wieder.

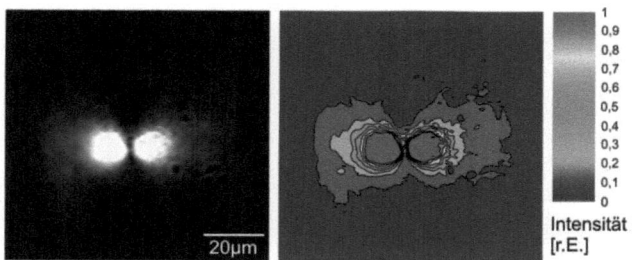

Abb. 6.7: Intensitätsverteilung im Nahfeld eines Wellenleiters als schwarz/weiß-Aufnahme einer CCD-Kamera (links) und in Falschfarben-Darstellung (rechts)

6.2.5 Dämpfungsmessung

Die nichtresonante Dämpfung der Wellenleiter wird mittels der Einkopplung von Helium-Neon-Laserstrahlung in die Wellenleiter bestimmt. Die Absorption des Materials ist bei der verwendeten Wellenlänge $\lambda = 633\,\text{nm}$ und keiner Leistung von einigen Milliwatt vernachlässigbar. Die aus dem Wellenleiter gestreute Strahlung wird fotographisch aufgenommen und die Verkleinerung der Intensitätswerte entlang des Wellenleiters untersucht. Dafür werden die Intensitätswerte senkrecht zum Wellenleiter arithmetisch gemittelt und in Abhängigkeit von der Strecke x in Ausbreitungsrichtung der Strahlung aufgetragen (Abb. 6.8). Die Intensität I nimmt in Abhängigkeit von der Strecke x und dem Extinktionskoeffizienten β gemäß der folgenden Gleichung ab:

$$I(x) = I_0 \cdot e^{-\beta x} \tag{6.3}$$

Da die Absorption vernachlässigbar ist, kann der Extinktionskoeffizient β wie folgt in den Dämpfungskoeffizienten α umgerechnet werden:

$$\alpha = \frac{10}{ln\,10}\,\beta \approx 4,3429 \cdot \beta \tag{6.4}$$

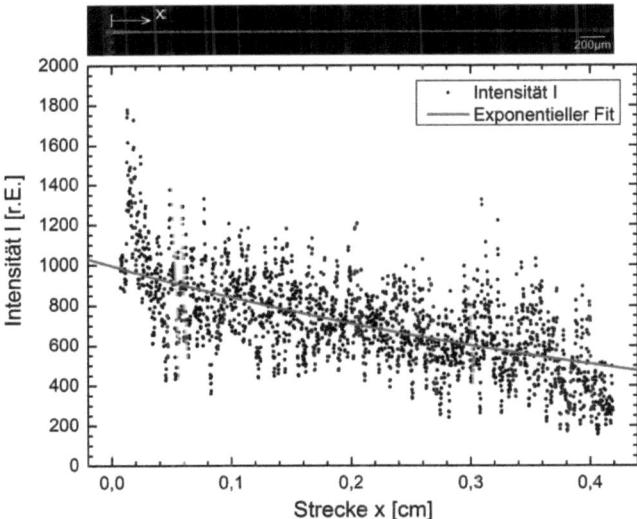

Abb. 6.8: Aufsicht eines Wellenleiters mit eingekoppelter Strahlung zur Dämpfungsmessung (oben) und Intensität mit exponentiellem Fit in Abhängigkeit von der Strecke x entlang des Wellenleiters (unten)

Für den in Abbildung 6.8 gezeigten Wellenleiter beträgt die Dämpfung nach Anpassung eines exponentiellen Fits an die Intensitätswerte $\alpha = 7,29\,\frac{\text{dB}}{\text{cm}}$.

6.2.6 Raman-Spektroskopie

Die lasermodifizierten Bereiche der Wellenleiterquerschnitte werden mit Raman-Spektroskopie auf die atomaren Schwingungszustände der Sauerstoffatome untersucht (vgl. Abb. 5.2). Dazu wird Laserstrahlung der Wellenlänge $\lambda = 532\,\text{nm}$ mit einem Mikroskopobjektiv der numerischen Apertur $NA_{Ob} = 0,85$ auf die Oberfläche der polierten Wellenleiterquerschnitte fokussiert. Der frequenzverdoppelte Nd:YAG Festkörperlaser wird im Dauerstrichbetrieb (engl. continous wave) eingesetzt. Die Leistung des Lasers wird auf wenige Milliwatt hinter dem Mikroskopobjektiv eingestellt, um die eingebrachte Modifikation während der Messung nicht zu verändern. Das spektroskopische Gitter mit der Gitterkonstanten $g = 556\,\text{nm}$ wird für den Messbereich von $k = 1 - 1790\,\text{cm}^{-1}$ ausgewählt. Die Belichtungszeit für jede Messung beträgt $t = 30\,\text{s}$, wobei 60 Messungen akkumuliert werden. Pro Messpunkt ergibt sich damit eine Gesamtmesszeit von $t = 30\,\text{min}$.

Kapitel 7

Experimentelle Untersuchung

Für die experimentelle Untersuchung der durch Femtosekunden-Laserpulse induzierten Brechungsindexmodifikation wird eine systematische Variation der Verfahrensparameter durchgeführt. Für eine detaillierte Betrachtung der elektronischen und thermischen Prozesse werden für die zeitliche Abfolge der Laserpulse drei Bereiche definiert:

1. Einzelpulse: Die zeitliche Abfolge der Laserpulse ist so groß, dass keine Wärmewechselwirkung der Pulse untereinander im Material stattfindet. Eine thermisch induzierte Brechungsindexmodifikation aufgrund von Wärmeakkumulation wird dadurch unterbunden. Die Strukturierung mittels Femtosekunden-Laserpulsen läuft zeitunabhängig ab, wenn die zeitliche Abfolge der Pulse größer ist als $t \approx 1\,\mu s$, was der Diffusionszeit von Ladungsträgern und Wärme in Dielektrika entspricht [19, 54]. Als Einzelpulse werden in dieser Arbeit Laserpulse mit einer Repetitionsrate von $f < 500\,\text{kHz}$ bezeichnet.

2. Doppelpulse: Zwei Laserpulse werden in kurzer zeitlicher Abfolge erzeugt ($\Delta t \leq 2\,\text{ns}$), so dass die Modifikation des ersten Pulses nicht mehr unabhängig vom zeitlichen Eintreffen des zweiten Pulses auftritt. Die Auswirkungen auf die Brechungsindexmodifikation werden für die zeitlichen Abstände der beiden Pulse zwischen $\Delta t = 200\,\text{ps}$ und $\Delta t = 2\,\text{ns}$ analysiert. Zusätzlich wird eine Variation des Energieverhältnisses im Bereich $V_E = 10:90, 20:80, ..., 80:20, 90:10$ untersucht. Die Repetitionsrate wird mit $f = 100\,\text{kHz}$ und die Verfahrgeschwindigkeit mit $v = 1\,\frac{mm}{s}$ konstant gehalten. Durch die Verwendung von Doppelpulsen und der Variation ihres zeitlichen Abstandes soll die zeitliche Resonanz für die Bildung von Defekten einer durch elektronische Prozesse induzierten Brechungsindexmodifikation untersucht werden.

3. Hochfrequenzpulse: Um thermische Prozesse wie Wärmeakkumulation bei der Materialbearbeitung zu untersuchen sind entweder große Repetitionsraten ($f \geq 500\,\text{kHz}$) oder große Pulsenergien ($E_p > 1\,\mu J$) erforderlich. Der Einfluss thermischer Prozesse auf die induzierte Brechungsindexmodifikation wird bei Repetitionsraten bis $f = 10\,\text{MHz}$ untersucht.

Durch die Variation der numerischen Apertur NA_{Ob} der Mikroskopobjektive wird die Größe des Fokusvolumens bei der Strukturierung verändert. Für die Induzierung elektronischer Prozesse wird eine große numerische Apertur ($NA_{Ob} \geq 0,6$) verwendet, mit denen ein kleines Fokusvolumen erreicht wird. Dadurch ist der Bereich der Licht-Materie-Wechselwirkung verkleinert und thermische Prozesse werden weitgehend verhindert.

Die verwendeten Variationen der Verfahrensparameter für die experimentelle Untersuchung elektronischer und thermischer Prozesse für Einzel-, Doppel- und Hochfrequenzpulse sind in der Tabelle 7.1 zusammengefasst.

Verfahrensparameter	Einzel- und Hochfrequenzpulse	Doppelpulse
numerische Apertur NA_{Ob}	0,4; 0,6; 0,7	0,4; 0,6
Verfahrgeschwindigkeit $v\ [mm/s]$	0,1; 0,2; 1,0	1,0
Repetitionsrate $f\ [MHz]$	0,1; 0,5; 1; 5; 10	0,1
Puls- bzw. Gesamtenergie E_p bzw. $E_{ges}\ [\mu J]$	0,03-3,49	0,30-0,90
zeitlicher Abstand $\Delta t\ [ps]$	-	200; 400; 600; 800; 1000; 2000
Energieverhältnis V_E	-	10:90; 20:80; ... ; 80:20; 90:10
Pulsenergie des ersten Pulses $E_{p1}\ [\mu J]$	-	0,20-0,70

Tab. 7.1: Für die Strukturierung mittels Einzel- und Hochfrequenz- sowie Doppelpulsen verwendete Variation der Verfahrensparameter

Kapitel 8

Charakterisierung der Wellenleiter in D263 und Quarzglas

8.1 Wellenleiter in D263

8.1.1 Strukturelle Eigenschaften

Einzel- und Hochfrequenzpulse

Die lichtmikroskopischen Aufnahmen der Wellenleiterquerschnitte in D263 weisen mit steigender Pulsenergie eine zunehmende Querschnittshöhe h sowie -breite b auf (Abb. 8.1). Für den gesamten untersuchten Pulsenergiebereich bis $E_p = 3,49\,\mu J$ werden für Einzelpulse bei $f = 100\,kHz$ und $NA_{Ob} = 0,4$ homogene, rissfreie Modifikationen erzeugt. Für die Pulsenergien $E_p \geq 1,67\,\mu J$ sind eine innere und eine äußere Struktur des Querschnitts feststellbar.

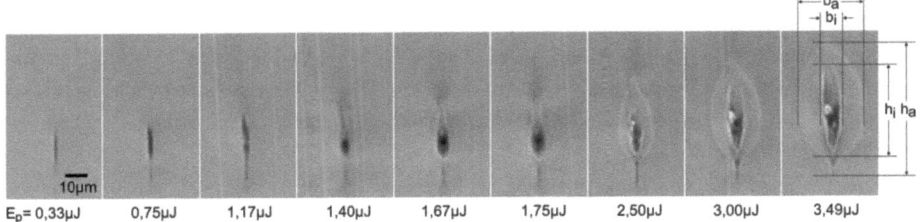

Abb. 8.1: Lichtmikroskopische Aufnahmen von Wellenleiterquerschnitten in D263 mittels Einzelpulsen ($f = 100\,kHz$, $v = 1\,\frac{mm}{s}$, $NA_{Ob} = 0,4$, $\lambda = 1043\,nm$)

Die Querschnittshöhe und -breite der inneren Struktur (h_i und b_i) nehmen ebenso wie die der äußeren Struktur (h_a und b_a) mit steigender Pulsenergie zu (Abb. 8.2, links). Bei der maximalen untersuchten Pulsenergie von $E_p = 3,49\,\mu J$ weist der Wellenleiterquerschnitt eine äußere Höhe von $h = 60,1\,\mu m$ und eine äußere Breite von $b = 28,2\,\mu m$ auf. Für $E_p < 0,33\,\mu J$ wird keine Modifikation des Materials festgestellt.

Bei identischen Verfahrensparametern ist die äußere Querschnittshöhe in allen Fällen mindestens um den Faktor 2 größer als die äußere Querschnittsbreite. Die äußere Querschnittshöhe steigt im Pulsenergiebereich $E_p = 0,33 - 0,63\,\mu J$ mit durchschnittlich $m_h = 39,3\,\frac{\mu m}{\mu J}$ an, im Pulsenergiebereich $E_p = 0,71 - 3,49\,\mu J$ mit $m_h = 13,8\,\frac{\mu m}{\mu J}$ (Abb. 8.2, links).

Die Steigung der äußeren Querschnittsbreite ist für $E_p = 1{,}75 - 3{,}49\,\mu\text{J}$ mit $m_b = 11{,}8\,\frac{\mu\text{m}}{\mu\text{J}}$ größer als für $E_p = 0{,}33 - 1{,}67\,\mu\text{J}$ mit $m_b = 2{,}7\,\frac{\mu\text{m}}{\mu\text{J}}$ (Abb. 8.2, links). Die energetische Schwelle bei $E_p = 1{,}67\,\mu\text{J}$ entspricht der Bildung einer inneren und einer äußeren Struktur in den Wellenleiterquerschnitten (Abb. 8.1).

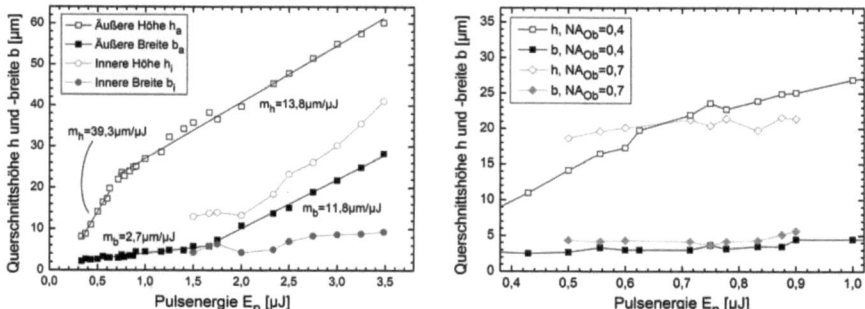

Abb. 8.2: Querschnittshöhe und -breite in Abhängigkeit von der Pulsenergie für die numerischen Aperturen $NA_{Ob} = 0{,}4$ (links) und zusätzlich für $NA_{Ob} = 0{,}7$ (rechts) ($f = 100\,\text{kHz}$, $v = 1\,\frac{\text{mm}}{\text{s}}$, $\lambda = 1043\,\text{nm}$)

Zusätzlich zur Energievariation wird die Auswirkung einer veränderten numerischen Apertur des Mikroskopobjektivs auf die Morphologie der Wellenleiterquerschnitte untersucht. Für die numerische Apertur $NA_{Ob} = 0{,}7$ liegen im Vergleich zu $NA_{Ob} = 0{,}4$ für die untersuchten Energien von $E_p = 0{,}5 - 0{,}9\,\mu\text{J}$ sehr ähnliche Werte für die Querschnittshöhen und -breiten vor. Sie unterscheiden sich um maximal $\Delta h = 4\,\mu\text{m}$ bzw. $\Delta b = 2\,\mu\text{m}$ (Abb. 8.2, rechts). Auffällig sind jedoch die im Vergleich zur numerischen Apertur $NA_{Ob} = 0{,}4$ kleineren Steigungen. Die Querschnittshöhe nimmt mit durchschnittlich $m_h = 6\,\frac{\mu\text{m}}{\mu\text{J}}$ zu, während die Querschnittsbreite mit $m_b = 2\,\frac{\mu\text{m}}{\mu\text{J}}$ steigt.

Weitere Einflussgrößen auf die morphologischen Eigenschaften der Wellenleiter sind die Verfahrgeschwindigkeit v und die Repetitionsrate f der Laserpulse. Grundsätzlich nehmen die Querschnittshöhe und die -breite mit steigender Verfahrgeschwindigkeit ab und mit steigender Repetitionsrate zu. Beispielsweise wird für die Abmessungen der Wellenleiterquerschnitte bei der Pulsenergie $E_P = 0{,}6\,\mu\text{J}$ eine Abnahme mit steigender Verfahrgeschwindigkeit $v = 0{,}1 - 2{,}0\,\frac{\text{mm}}{\text{s}}$ beobachtet (Abb. 8.3). Der äußere Bereich des Querschnitts zeigt eine größere Abhängigkeit von der Verfahrgeschwindigkeit als der innere Bereich. Die Abmessungen des inneren Bereichs gehen für $v > 1{,}0\,\frac{\text{mm}}{\text{s}}$ in Sättigung, während die Abmessungen des äußeren Bereichs stetig abnehmen. Für die Verfahrgeschwindigkeiten $v = 0{,}1 - 0{,}5\,\frac{\text{mm}}{\text{s}}$ ist die Abnahme für die vier untersuchten Abmessungen des Querschnitts stark ausgeprägt.

Wird nun die Repetitionsrate auf bis zu $f = 10\,\text{MHz}$ vergrößert, steigt die äußere Höhe des Wellenleiterquerschnitts signifikant mit der Pulsenergie an (Abb. 8.4). Für $f = 1 - 10\,\text{MHz}$ bei $v = 0{,}1\,\frac{\text{mm}}{\text{s}}$ vergrößert sich die Steigung der Querschnittshöhe in Abhängigkeit von der Pulsenergie durchschnitt-

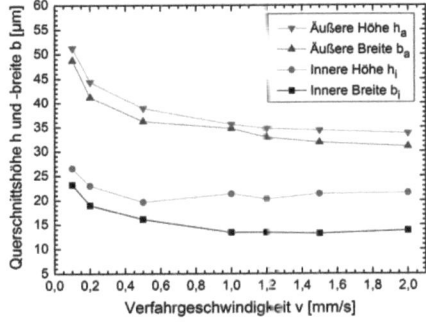

Abb. 8.3: Querschnittshöhe und -breite in Abhängigkeit von der Verfahrgeschwindigkeit ($f = 500\,\text{kHz}$, $E_p = 0,6\,\mu\text{J}$, $NA_{Ob} = 0,7$, $\lambda = 1030\,\text{nm}$)

lich von $m_h = 197\,\frac{\mu\text{m}}{\mu\text{J}}$ auf $m_h = 2069\,\frac{\mu\text{m}}{\mu\text{J}}$.

Wie in Abbildung 8.3 dargestellt, nimmt die Querschnittshöhe für abnehmende Verfahrgeschwindigkeiten zu. Für die Repetitionsraten $f \geq 1 - 10\,\text{MHz}$ sind die Auswirkungen der Geschwindigkeit im untersuchten Energiebereich relativ klein. Um den Faktor 1,3 verkleinert sich die Querschnittshöhe maximal bei einer Vergrößerung der Geschwindigkeit von $v = 0,1\,\frac{\text{mm}}{\text{s}}$ auf $v = 1,0\,\frac{\text{mm}}{\text{s}}$.

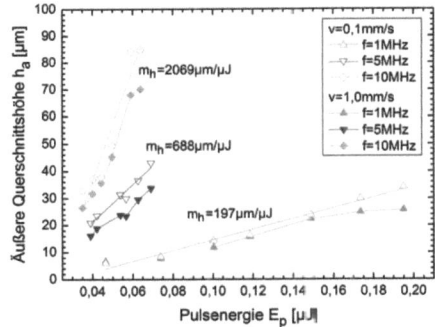

Abb. 8.4: Äußere Querschnittshöhe h_a in Abhängigkeit von der Pulsenergie für verschiedene Repetitionsraten und Verfahrgeschwindigkeiten ($NA_{Ob} = 0,7$, $\lambda = 1030\,\text{nm}$)

Modifikationen, die mit der Repetitionsrate $f = 1\,\text{MHz}$, der Verfahrgeschwindigkeit $v = 0,1\,\frac{\text{mm}}{\text{s}}$, der numerischen Apertur $NA_{Ob} = 0,7$ und den Pulsenergien $E_p = 0,45 - 0,80\,\mu\text{J}$ geschrieben werden, weisen Risse in den Querschnitten auf. Selbst mit einer um eine Größenordnung höheren Geschwindigkeit von $v = 1,0\,\frac{\text{mm}}{\text{s}}$ kann das Auftreten von Rissen nicht verhindert werden. Bei größeren Repetitionsraten liegt die Zerstörschwelle, ab der Risse auftreten, bei wesentlich kleineren Pulsenergien. Beispielsweise liegt sie für Wellenleiter, die mit $f = 10\,\text{MHz}$ strukturiert werden, bei $E_p = 44\,\text{nJ}$. Bei $f = 5\,\text{MHz}$ hingegen werden für $E_p = 39 - 70\,\text{nJ}$ homogene, rissfreie Strukturen erzeugt.

Zusammenfassung und Schlussfolgerung

Prinzipiell sind die Querschnittshöhen in Abhängigkeit von der Pulsenergie für alle untersuchten zeitlichen Abfolgen der Laserpulse größer als die Querschnittsbreiten. Grund dafür ist der verlängerte Fokus in Propagationsrichtung der Laserstrahlung wegen der im Vergleich zum Fokusdurch-

messer ($2w_0 = 2,5\,\mu$m für $NA_{Ob} = 0,4$ bzw. $2w_0 = 1,5\,\mu$m für $NA_{Ob} = 0,7$) größeren Rayleighlänge ($2z_R = 10\,\mu$m bzw. $2z_R = 3\,\mu$m). Die Ausbreitung der Wärme erfolgt in Propagationsrichtung schneller als in radialer Richtung [115], wodurch sich längliche Querschnitte ergeben. Dieser Effekt tritt besonders für kleine numerische Aperturen ($NA_{Ob} = 0,4$) auf, da das Verhältnis von Rayleighlänge zu Fokusdurchmesser größer ist als bei großen numerischen Aperturen ($NA_{Ob} = 0,7$).
Für Einzelpulse mit der Repetitionsrate $f = 100\,$kHz und einer Pulsenergie von $E_p \geq 1,67\,\mu$J weisen die Wellenleiterquerschnitte eine äußere Struktur auf, die die innere Struktur symmetrisch umschließt. Die äußeren Querschnittsbreiten sind dabei um ein Vielfaches größer als der Fokusdurchmesser der Laserstrahlung. Grund dafür ist das Auftreten von Wärmeakkumulation für $E_p \geq 1,67\,\mu$J. Thermische Prozesse treten für kleine Repetitionsraten ($f < 500\,$kHz) bei steigender Pulsenergie auf, was durch die symmetrische Wärmeeinflusszone des Querschnitts nachgewiesen wird. Durch einen großen Energieeintrag dehnt sie sich gleichmäßig in alle Raumrichtungen aus, so dass symmetrische Querschnitte induziert werden. Je größer die numerische Apertur ist (z.B. $NA_{Ob} = 0,7$), desto mehr nähern sich Querschnittshöhe und -breite einander an. Die Laserstrahlung wird unter einem großen Winkel eingestrahlt, so dass der Fokusbereich gleichmäßig bestrahlt wird und sich symmetrische Strukturen erzeugen lassen.
Für Repetitionsraten $f > 500\,$kHz sind Pulsenergien einiger zehn Nanojoule ausreichend, um thermische Prozesse zu induzieren. Zu große, durch die Laserstrahlung induzierte Spannungen werden im Material durch die Bildung von Rissen abgebaut. In diesem Fall liegen die verwendeten Pulsenergien oberhalb der Zerstörschwelle und die werkstoffmechanischen Bruchkriterien des Materials sind erfüllt. Risse in den Querschnitten machen die entsprechenden Wellenleiter für die Lichtführung unbrauchbar.

Doppelpulse

Zusätzlich zur Variation der Verfahrensparameter von Einzel- und Hochfrequenzpulsen werden die Abmessungen der Wellenleiterquerschnitte untersucht, die mit Doppelpulsen und einer konstanten Gesamtenergie von $E_{ges} = 0,75\,\mu$J strukturiert werden. Die Querschnittshöhe h zeigt in Abhängigkeit vom Energieverhältnis für die zeitlichen Abstände $\Delta t = 200 - 1000\,$ps ein Minimum bei $V_E = 50:50$, was den Pulsenergien $E_{p1} = E_{p2} = 0,375\,\mu$J entspricht (Abb. 8.5, links). Für $\Delta t = 2000\,$ps ist das Minimum zum kleineren Energieverhältnis $V_E = 40:60$ verschoben. Für die untersuchten zeitlichen Abstände reduziert sich die Querschnittshöhe auf minimal 44% ihres Wertes bei $V_E = 10:90$ (für $\Delta t = 400\,$ps von $h = 18,9\,\mu$m auf $h = 8,4\,\mu$m). Für die Energieverhältnisse $V_E > 50:50$ steigt die Querschnittshöhe wieder an und erreicht mit $h = 23,9\,\mu$m bei $\Delta t = 600\,$ps den höchsten Wert.
Der qualitative Verlauf der Querschnittsbreite b mit steigendem Energieverhältnis ähnelt dem der Querschnittshöhe (vgl. Abb. A.6 im Anhang). Insgesamt schwanken die Werte für die Querschnittsbreite zwischen $b = 1,8\,\mu$m und $b = 6,9\,\mu$m.
In Abhängigkeit vom Energieverhältnis weist die absorbierte Leistung ähnlich wie die Querschnittshöhe bei $E_{ges} = 0,75\,\mu$J ein Minimum bei $V_E = 50:50$ auf (Abb. 8.5, rechts). Maximal 28% der eingestrahlten Leistung werden absorbiert und für die Strukturierung der Wellenleiter verwendet. Im Minimum geht die absorbierte Leistung auf 7,6% zurück. Für die Gesamtenergien $E_{ges} = 0,60\,\mu$J

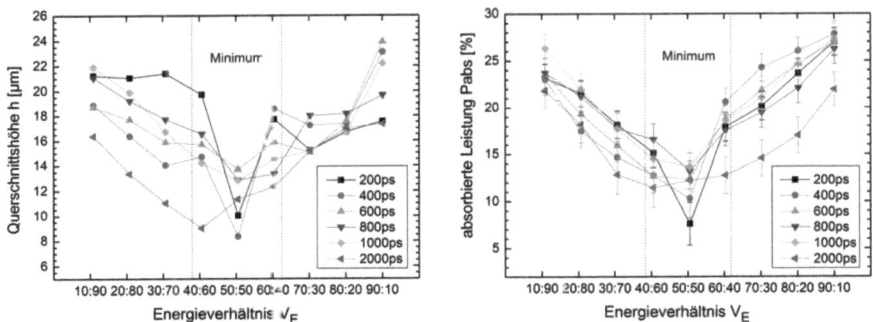

Abb. 8.5: Querschnittshöhe h (links) und absorbierte Leistung P_{abs} (rechts) in Abhängigkeit vom Energieverhältnis V_E für verschiedene zeitliche Abstände der Doppelpulse ($E_{ges} = 0,75\,\mu J$, $NA_{Ob} = 0,4$).

und $E_{ges} = 0,90\,\mu J$ wird ein ähnlicher Verlauf der absorbierten Leistung wie für $E_{ges} = 0,75\,\mu J$ festgestellt, der die getroffenen Aussagen qualitativ reproduziert (vgl. Abb. A.7 im Anhang).

Für die Gesamtenergien $E_{ges} = 0,75\,\mu J$ und $E_{ges} = 0,90\,\mu J$ treten Risse in den Querschnitten für das Energieverhältnis $V_E = 90 : 10$ auf [1] (Abb. 8.6). Für die Gesamtenergie $E_{ges} = 0,9\,\mu J$ werden Risse vorwiegend für $V_E \leq 20 : 80$ und $V_E \geq 80 : 20$ beobachtet.

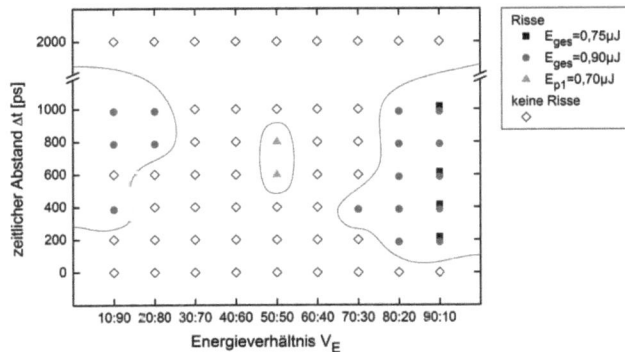

Abb. 8.6: Untersuchter Parameterbereich für die Laserstrukturierung von Wellenleitern in D263 mittels Doppelpulsen inklusive der Verfahrensparameter für Rissbildung ($NA_{Ob} = 0,4$)

Des Weiteren tritt Rissbildung bei $E_{p1} = 0,70\,\mu J$ und $V_E = 50 : 50$ auf. Bei der Strukturierung mit Doppelpulsen stellt die hierbei verwendete Gesamtenergie von $E_{ges} = 1,40\,\mu J$ die höchste applizierte

---

[1] In Abbildung 8.6 sind die Gesamtenergien $E_{ges} = 0,60; 0,75; 0,90\,\mu J$ aller Energieverhältnisse sowie die Energien des ersten Pulses $E_{p1} = 0,20 - 0,70\,\mu J$ der Energieverhältnisse $V_E = 50 : 50 - 90 : 10$ berücksichtigt. Zusätzliche Parameter sind $E_{p1} = 0,30\,\mu J$ mit $V_E = 30 : 70 - 40 : 60$ sowie $E_{p1} = 0,50\,\mu J$ mit $V_E = 40 : 60$. Kleinere Energieverhältnisse sind aufgrund unzureichender Laserleistung nicht möglich.

dar. Auffällig ist das vermehrte Auftreten von Rissen bei großen Energieverhältnissen. Beispielsweise werden Risse bei $V_E = 90:10$ bei $E_{ges} = 0,75\,\mu\text{J}$ beobachtet. Für $V_E = 10:90$ treten sie allerdings nicht auf.

Eine Veränderung der Größe der Modifikation ist in Abhängigkeit vom zeitlichen Abstand der Doppelpulse mittels Rasterelektronenmikroskopie feststellbar (Abb. 8.7). Allerdings werden in D263 für Strukturen, die mit $NA_{Ob} = 0,4$ geschrieben werden, keine Nanoplanes beobachtet. Alle Verfahrensparameter bis auf den zeitlichen Abstand sind im betrachteten Beispiel konstant gehalten.

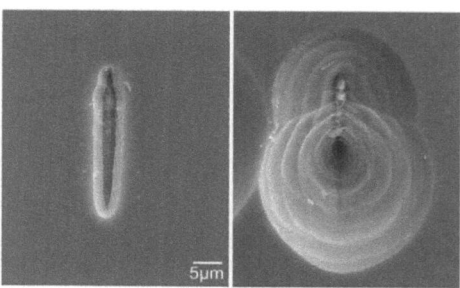

Abb. 8.7: Rasterelektronenmikroskopische Aufnahmen von Wellenleiterquerschnitten für $\Delta t = 200\,\text{ps}$ (links) und $\Delta t = 800\,\text{ps}$ (rechts) ($c = 8\,\text{mol}$, $t = 24\,\text{h}$, $T = 80\,°\text{C}$, $E_{ges} = 0,76\,\mu\text{J}$, $V_E = 50:50$, $NA_{Ob} = 0,4$)

Für $\Delta t = 200\,\text{ps}$ weist die Struktur eine längliche Form mit einer Länge von $l = 27,0\,\mu\text{m}$ und einer Breite von $b = 5,6\,\mu\text{m}$ auf (Abb. 8.7, links). Beträgt der zeitliche Abstand der Doppelpulse $\Delta t = 800\,\text{ps}$, vergrößert sich die Länge auf $l = 42,9\,\mu\text{m}$ und die Breite auf $b = 30,1\,\mu\text{m}$ (Abb. 8.7, rechts). Der zeitliche Abstand hat demnach einen signifikanten Einfluss auf die Morphologie der erzeugten Strukturen. Dieser Effekt wird für alle untersuchten Pulsenergien festgestellt.

Zusammenfassung und Schlussfolgerung

Die Abhängigkeiten der Querschnittshöhe sowie der absorbierten Leistung vom Energieverhältnis der Doppelpulse sind qualitativ gleich (Abb. 8.5). Bei den maximalen, absorbierten Leistungen, für die kleine bzw. große Energieverhältnisse erforderlich sind, sind die Querschnittshöhen der Wellenleiter maximal.

Bei kleinen Energieverhältnissen $V_E \leq 30:70$ der Gesamtenergie $E_{ges} = 0,75\,\mu\text{J}$ hat der erste Puls keine ausreichend große Energie, um eine Brechungsindexmodifikation zu verursachen. Dies ist bereits für Einzelpulse entsprechender Pulsenergie nachgewiesen worden (Abb. 8.2, links und vgl. Tab. A.3 im Anhang). Folglich wird das Material durch den ersten, niederenergetischen Puls nur vorgewärmt. Die Erwärmung und die folgende Veränderung der Viskosität im Fokusvolumen geschehen innerhalb einiger Pikosekunden [67, 116]. Durch den folgenden zweiten Puls, der eine ausreichend große Pulsenergie von $E_p \geq 0,33\,\mu\text{J}$ aufweist, wird dann eine zeitlich stabile Brechungsindexmodifikation erzeugt.

Für große Energieverhältnisse $V_E \geq 70:30$ wird die Brechungsindexmodifikation vorwiegend durch den ersten Puls generiert. Hierbei hat der zweite Puls keine ausreichend große Energie, um eine Modifikation zu erzeugen. Das Material wird nicht wie im ersten Fall zunächst vorgewärmt, sondern direkt durch den ersten Puls mit hoher Pulsenergie modifiziert. Für das Energieverhältnis $V_E = 90 : 10$ bei $E_{ges} = 0,75\,\mu J$ ist die Absorption des Materials so groß, dass Rissbildung auftritt (Abb. 8.6). Im Vergleich dazu treten für $V_E = 10 : 90$ bei gleicher Gesamtenergie und ähnlich großer Absorption aufgrund der angesprochenen Vorwärmung keine Risse auf.

Mittlere Energieverhältnisse führen zu einer minimalen Absorption. Die Pulse haben bei einer Gesamtenergie von $E_{ges} = 0,75\,\mu J$ und $V_E = 50 : 50$ eine Pulsenergie von $E_{p1} = E_{p2} = 0,375\,\mu J$. Jeder der Pulse hat damit weniger Energie als mindestens einer der Pulse bei den anderen Energieverhältnissen (vgl. Tab. A.2 im Anhang). Kleinere Pulsenergien haben eine geringere Absorption und damit kleinere Querschnittsmaße zur Folge. Das Minimum liegt für alle zeitlichen Abstände $\Delta t \neq 2000\,ps$ bei $V_E = 50 : 50$. Für $\Delta t = 2000\,ps$ ist die Querschnittshöhe und die absorbierte Energie im Vergleich zu den anderen zeitlichen Abständen für $V_E = 40 : 60$ minimal (Abb. 8.5). Bei konstantem Energieverhältnis lässt sich allerdings keine Systematik in Bezug auf Δt nachweisen.

Thermische Effekte wie Wärmeakkumulation werden für Doppelpulse bei den verwendeten Pulsenergien und der Repetitionsrate $f = 100\,kHz$ in den Wellenleiterquerschnitten nicht beobachtet. Auch wird die Bildung von Nanoplanes für Wellenleiter, die mit Doppelpulsen strukturiert werden, nicht nachgewiesen. Stattdessen wird eine vom zeitlichen Abstand abhängige Absorption der eingebrachten Energie anhand der Querschnittsgrößen beobachtet (Abb. 8.7). Die Absorption im Material ist für $\Delta t = 800\,ps$ größer als für $\Delta t = 200\,ps$. Diese Aussage wird durch den gemessenen Verlauf der absorbierten Energie für das Energieverhältnis $V_E = 50 : 50$ bestätigt [2] (Abb. 8.5, rechts). Frühere Forschungsarbeiten haben gezeigt, dass bei zeitlichen Abständen $\Delta t < 200\,ps$ keine Änderung in der transmittierten Leistung und damit auch nicht in der absorbierten Energie gemessen wird [19, 77]. Erstmals wird nun die Abhängigkeit der absorbierten Energie vom Energieverhältnis der Doppelpulse für größere zeitliche Abstände im Bereich $\Delta t = 200 - 2000\,ps$ nachgewiesen.

8.1.2 Optische Eigenschaften

Interferenzmikroskopie

Einzelpulse

Die zweidimensionale Brechungsindexverteilung $n(x,y)$ der Wellenleiterquerschnitte in D263 wird mittels Interferenzmikroskopie bestimmt und weist im Allgemeinen Bereiche negativer ($\Delta n < 0$) und positiver ($\Delta n > 0$) Brechungsindexänderung auf. In Propagationsrichtung der verwendeten Laserstrahlung ergeben sich in Abhängigkeit von der verwendeten Pulsenergie jeweils abwechselnd Bereiche mit positiver und negativer Brechungsindexänderung (Abb. 8.8). Die Farbskala gibt die Brechungsindexänderung in Relation zum unmodifizierten Material wieder, welches in Dunkelblau dargestellt ist. Ändert sich der Farbverlauf von Dunkelblau über Hellblau zu Rot, liegt eine positive Brechungsindexänderung vor. Wird die Farbskala in der anderen Richtung von Dunkelblau über Gelb zu Hellblau durchlaufen, ist die induzierte Brechungsindexänderung negativ.

---

[2]Die Gesamtenergien in Abbildung 8.5 und 8.7 unterscheiden sich um $\Delta E_{ges} = 0,01\,\mu J$. Das Energieverhältnis ist in beiden Fällen $V_E = 50 : 50$.

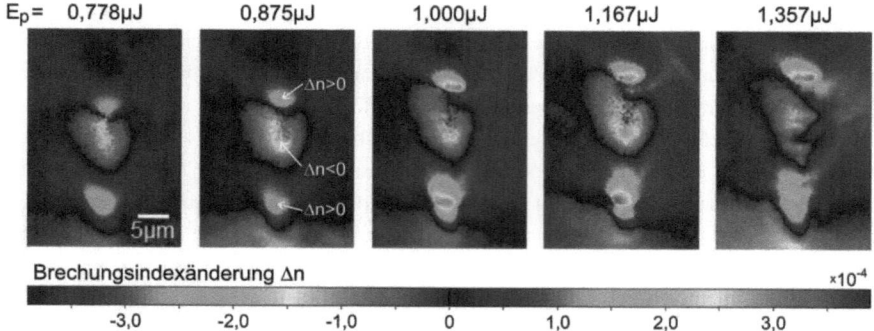

Abb. 8.8: Brechungsindexverteilung von Wellenleiterquerschnitten in D263 mittels Einzelpulsen ($f = 100\,\text{kHz}$, $v = 1\,\frac{\text{mm}}{\text{s}}$, $NA_{Ob} = 0{,}4$)

Bei jedem der gezeigten Querschnitte ist ein Bereich negativer Brechungsindexänderung (rot-gelbe Färbung) von zwei Bereichen positiver Brechungsindexänderung (hellblau-rote Färbung) umgeben. Mit zunehmender Pulsenergie von $E_p = 0{,}778\,\mu\text{J}$ auf $E_p = 1{,}357\,\mu\text{J}$ dehnt sich der Bereich negativer Brechungsindexänderung parallel zur Propagationsrichtung der Laserstrahlung aus. Dies trifft ebenfalls auf den unteren Bereich positiver Brechungsindexänderung zu.
Wird die Querschnittshöhe einschließlich der Bereiche positiver Brechungsindexänderung vermessen, vergrößert sie sich insgesamt von $h = 20{,}3\,\mu\text{m}$ bei $E_p = 0{,}778\,\mu\text{J}$ auf $h = 26{,}4\,\mu\text{m}$ bei $E_p = 1{,}357\,\mu\text{J}$. Außerdem werden die absoluten Werte der induzierten, positiven Brechungsindexänderungen dem Betrag nach größer. Im jeweiligen Zentrum der Bereiche vergrößert sich die Brechungsindexänderung insgesamt von $\Delta n = 1{,}9 \cdot 10^{-4}$ auf $\Delta n = 3{,}1 \cdot 10^{-4}$. Dies ist in Abbildung 8.8 durch die zunehmend rötliche Färbung im Bereich der positiven Brechungsindexänderungen dargestellt. Der Betrag der negativen Brechungsindexänderung ändert sich bei einer Vergrößerung der Pulsenergie von $\Delta n = -1{,}4 \cdot 10^{-4}$ auf maximal $\Delta n = -1{,}9 \cdot 10^{-4}$.

Doppelpulse

Die oben beschriebenen, alternierenden Brechungsindexänderungen werden ebenfalls bei Doppelpulsen nachgewiesen. Bei der Strukturierung der Wellenleiter bleibt die Pulsenergie bei der Variation des Energieverhältnisses $V_E = 60:40;\ 70:30;\ 80:20$ nahezu konstant ($E_{ges} = 0{,}833;\ 0{,}857;\ 0{,}875\,\mu\text{J}$). Die mit Interferenzmikroskopie ermittelten Brechungsindexverteilungen zeigen eine Abhängigkeit von dem verwendeten Energieverhältnis (Abb. 8.9)[3].
Während sich für $V_E = 60:40$ vorwiegend ein Bereich negativer Brechungsindexänderung mit $\Delta n = -1{,}1 \cdot 10^{-4}$ ausbildet, sind für $V_E = 80:20$ ober- und unterhalb zusätzlich zwei Bereiche positiver Brechungsindexänderung mit $\Delta n = 1{,}4 \cdot 10^{-4}$ zu beobachten. Die negative Brechungsindexänderung nimmt für $V_E = 80:20$ gleichzeitig auf bis zu $\Delta n = -1{,}8 \cdot 10^{-4}$ ab. Außerdem nehmen die Ausdehnungen der einzelnen Bereiche bei steigendem Energieverhältnis zu. Entscheidend für die Ausbildung

---

[3] Die leichte Verschmierung der Strukturen in den unteren rechten Bildbereich kommt durch eine nicht ganz symmetrische Ausleuchtung der Mikroskopkamera durch Objekt- und Referenzstrahl zu Stande.

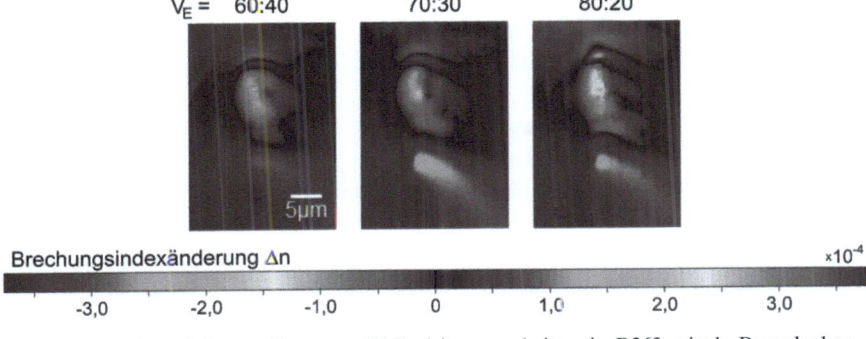

Abb. 8.9: Brechungsindexverteilung von Wellenleiterquerschnitten in D263 mittels Doppelpulsen ($\Delta t = 200\,\text{ps}$, $NA_{Ob} = 0,4$)

der Bereiche ist demnach nicht nur die Gesamtenergie, sondern auch die energetische Verteilung der Gesamtenergie auf die zwei einzelnen Laserpulse.

Wird jeweils eine konstante Pulsenergie des ersten Pulses betrachtet, während das Energieverhältnis variiert wird, so nimmt die Gesamtenergie für steigendes Energieverhältnis ab. Die Pulsenergie des ersten Pulses wird im Bereich $E_{p1} = 0,2 - 0,7\,\mu\text{J}$ variiert, während das Energieverhältnis $V_E = 50:50 - 90:10$ beträgt. Für $\Delta t = 200\,\text{ps}$ werden für die Pulsenergien $E_{p1} \leq 0,4\,\mu\text{J}$ für $V_E \leq 80:20$ ausschließlich negative Brechungsindexänderungen erzeugt. Mittels der Fernfelddivergenzmessung sowie der Nahfeldmessung wird für diese Wellenleiter keine Lichtführung nachgewiesen. Für die Pulsenergien $E_{p1} \geq 0,5\,\mu\text{J}$ nehmen die Bereiche positiver Brechungsindexänderung vor allem für $V_E = 50:50$ und $V_E = 60:40$ zu.

Insgesamt gesehen werden für den untersuchten Energiebereich $E_{ges} = 0,22 - 1,36\,\mu\text{J}$ für Doppelpulse bei $\Delta t = 200\,\text{ps}$ im Vergleich zu Einzelpulsen besonders für große Energieverhältnisse oftmals negative Brechungsindexänderungen erzeugt.

Zusammenfassung und Schlussfolgerung

Mit zunehmender Pulsenergie dehnen sich die Strukturen in vertikaler Richtung parallel zur Propagationsrichtung der Laserstrahlung aus (Abb. 8.8). Senkrecht dazu ist die Ausdehnung aufgrund des begrenzten Fokusdurchmessers limitiert. Die durch die Laserstrahlung eingebrachte Wärme kann sich in Propagationsrichtung wegen des länglichen Fokusvolumens schneller als in radialer Richtung ausdehnen [115]. Eine durch thermische Prozesse wie Wärmeakkumulation induzierte Brechungsindexmodifikation wird bei der relativ kleinen Repetitionsrate von $f = 100\,\text{kHz}$ nicht nachgewiesen. Die Brechungsindexmodifikation wird demnach vorwiegend durch elektronische Prozesse induziert. Strahlung, die entlang des erzeugten Wellenleiters geführt wird, kann in beide Bereiche positiver Brechungsindexänderung eingekoppelt werden. Dies lässt sich mittels der Fernfelddivergenzmessung nachweisen (vgl. S. 53) und durch die Simulation der Strahlpropagation gemäß der gemessenen Brechungsindexverteilung unterstützen (vgl. Kap. 8.1.4).

Im Rahmen eigener Vorarbeiten sind ähnliche Bereiche alternierender Brechungsindexänderungen in

Phosphatglas beobachtet worden [4]. Auch in Phosphatglas ist bei der Verwendung von Einzelpulsen die Pulsenergie der zentrale Verfahrensparameter, der Einfluss auf die Anzahl und die Größe der Bereiche mit unterschiedlichem Vorzeichen der Brechungsindexänderung hat.

Fernfelddivergenz- und Nahfeldmessung
Einzel- und Hochfrequenzpulse
Die numerische Apertur wird mittels der Fernfelddivergenzmessung für Einzelpulse in Abhängigkeit von der Pulsenergie bestimmt. Für die Strukturierung der Wellenleiter werden verschiedene numerische Aperturen der Mikroskopobjektive $NA_{Ob} = 0,4$; $0,6$; $0,7$ verwendet. Die gemessene, vertikale numerische Apertur der Wellenleiter liegt für eine Repetitionsrate von $f = 100\,\text{kHz}$ im untersuchten Pulsenergiebereich von $E_p = 0,5 - 3,0\,\mu\text{J}$ zwischen $NA_v = 0,0026$ und $NA_v = 0,0099$ (Abb. 8.10).

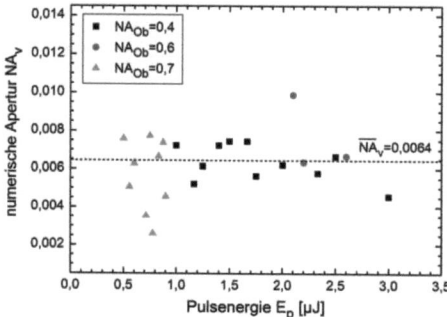

Abb. 8.10: Vertikale numerische Apertur NA_v in Abhängigkeit von der Pulsenergie für Einzelpulse ($f = 100\,\text{kHz}$, $v = 1,0\,\frac{\text{mm}}{\text{s}}$, $\lambda = 1043\,\text{nm}$)

Die ermittelten Werte der vertikalen numerischen Apertur unterscheiden sich für die verschiedenen numerischen Aperturen der Mikroskopobjektive NA_{Ob} nicht signifikant. Ebenso lässt sich keine geeignete Pulsenergie für eine möglichst große numerische Apertur der Wellenleiter festlegen. Der arithmetische Mittelwert der vertikalen numerischen Apertur, der für alle untersuchten numerischen Aperturen der Mikroskopobjektive insgesamt bestimmt wird, beträgt $\overline{NA_v} = 0,0064$.
Die Fernfelddivergenzmessung kann zur Bestimmung der numerischen Apertur der Wellenleiter nur für Intensitätsverteilungen verwendet werden, die ein einzelnes Hauptmaximum aufweisen (vgl. Kap. 6.2.3). Für große Repetitionsraten $f > 100\,\text{kHz}$ sind im Fernfeld zumeist mehrere lichtführende Bereiche feststellbar, die die Bestimmung der numerischen Apertur nach der vorgestellten Methode verhindern. Daher wird im Folgenden für die Bestimmung der optischen Eigenschaften für diese Wellenleiter die Intensitätsverteilung im Nahfeld untersucht.

Für Wellenleiter mit den Verfahrensparametern $f = 100\,\text{kHz}$, $E_p = 0,75\,\mu\text{J}$, $v = 0,1\,\frac{\text{mm}}{\text{s}}$ und $NA_{Ob} = 0,7$ werden im Nahfeld zwei lichtführende Bereiche nachgewiesen (Abb. 8.11, oben). Links und rechts neben der induzierten Struktur bildet sich jeweils ein lichtführender Bereich aus. Die Bereiche werden durch einen Vergleich des Nahfeldes mit der lichtmikroskopischen Aufnahme des Querschnitts lokalisiert. Die Falschfarbendarstellung verdeutlicht dabei die Verteilung der Intensität im Nahfeld der Wellenleiter (Abb. 8.11).

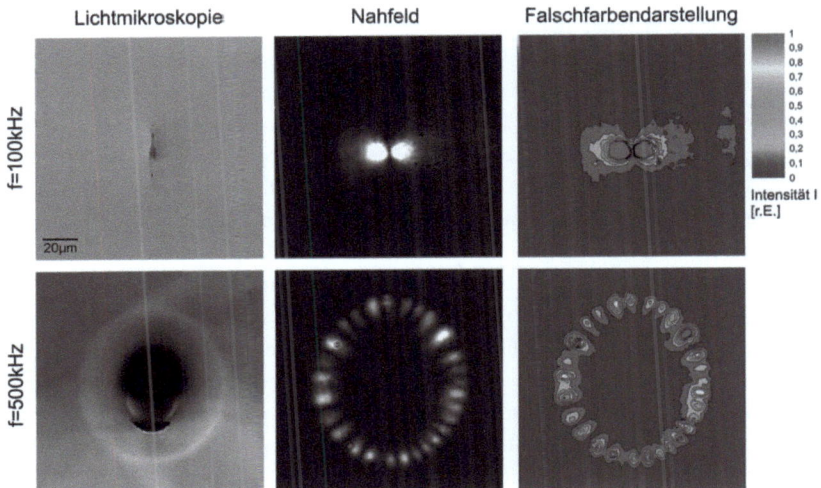

Abb. 8.11: Lichtmikroskopische Aufnahmen von Wellenleiterquerschnitten sowie Intensitätsverteilungen im Nahfeld und als Falschfarbendarstellung für $f = 100\,\text{kHz}$ (oben) und $f = 500\,\text{kHz}$ (unten) ($E_p = 0{,}75\,\mu\text{J}$, $v = 0{,}1\,\frac{\text{mm}}{\text{s}}$, $NA_{Ob} = 0{,}7$, $\lambda = 1030\,\text{nm}$). Der Maßstab gilt für alle Bilder.

Für $f = 500\,\text{kHz}$ wird im Nahfeld hingegen eine radial periodische Struktur der propagierenden Strahlung beobachtet, die sich aus einzelnen Intensitätsmaxima zusammensetzt (Abb. 8.11, unten). Durch den Vergleich mit der lichtmikroskopischen Aufnahme ist feststellbar, dass das Licht entlang der modifizierten, äußeren Struktur des Querschnitts geführt wird. Im in der durchlichtmikroskopischen Aufnahme dunkel erscheinenden, inneren Bereich des Querschnitts findet keine Lichtführung aufgrund einer vorliegenden, negativen Brechungsindexänderung statt. Für einen solchen Wellenleiter kann die numerische Apertur gemäß der Fernfelddivergenzmessung nicht quantifiziert werden, weil sich kein einzelnes Hauptmaximum ausbildet. Die Intensitätsverteilung im Fernfeld der Wellenleiter für Repetitionsraten $f \geq 500\,\text{kHz}$ weisen ebenso wie die Intensitätsverteilung im Nahfeld eine ringförmige Struktur aus einzelnen Intensitätsmaxima auf.

Die Intensitätsverteilungen der propagierenden Strahlung unterscheiden sich somit für Hochfrequenzpulse mit $f \geq 500\,\text{kHz}$ grundsätzlich von denen für Einzelpulse mit $f = 100\,\text{kHz}$.
Bilden sich im Querschnitt des Wellenleiters mehrere Bereiche positiver Brechungsindexänderung aus, kann in beiden Bereichen Licht geführt werden. Für den Wellenleiter mit den Verfahrensparametern $E_{ges} = 0{,}778\,\mu\text{J}$, $f = 100\,\text{kHz}$, $v = 1\,\frac{\text{mm}}{\text{s}}$ und $NA_{Ob} = 0{,}4$ (vgl. Abb. 8.8) wird die Lichtführung in beiden Bereichen durch die Fernfelddivergenzmessung nachgewiesen (vgl. Abb. A.8 im Anhang). Die vertikale numerische Apertur beträgt in beiden Fällen $NA_v = 0{,}011$.

Zusammenfassung und Schlussfolgerung

Die vertikale numerische Apertur von Wellenleitern, die mit Einzelpulsen bei $f = 100\,\text{kHz}$ hergestellt werden, unterscheidet sich nur unwesentlich für die verschiedenen, untersuchten numerischen Aperturen der Mikroskopobjektive NA_{Ob} (Abb. 8.10). Sie beträgt durchschnittlich $\overline{NA_v} = 0,0064$. Im Nahfeld dieser Wellenleiter werden durch spannungsinduzierte Doppelbrechung zwei lichtführenden Bereiche ausgebildet (Abb. 8.11, oben). Durch die eingebrachte Energie wird die Dichte des Materials lokal derart verändert, dass sich zwei Bereiche mit vergrößertem Brechungsindex ausbilden, in denen die Strahlung propagieren kann.

Für große Repetitionsraten $f \geq 500\,\text{kHz}$ wird die Strahlung im äußeren, modifizierten Bereich des Querschnitts geführt (Abb. 8.11, unten), der aufgrund von Wärmeakkumulation entsteht. Eine thermisch induzierte Brechungsindexmodifikation lässt sich mittels der Intensitätsverteilung im Nahfeld der Wellenleiter identifizieren. Damit wird nachgewiesen, dass der äußere Bereich des Querschnitts aus verdichtetem Material mit positivem Brechungsindex besteht, in dem die Lichtführung stattfindet. Im Wellenleiter propagieren mehrere Moden, die durch radial periodisch angeordnete, lichtführende Bereiche im Nahfeld nachgewiesen werden.

Doppelpulse

Die Intensitätsverteilung im Nahfeld der Wellenleiter, die mit Doppelpulsen strukturiert werden, weisen für $NA_{Ob} = 0,4$ einen lichtführenden Bereich auf (Abb. 8.12, rechts). Bei der Gesamtenergie $E_{ges} = 0,90\,\mu\text{J}$ und steigendem Energieverhältnis von $V_E = 60:40$ auf $V_E = 80:20$ bleibt die Intensitätsverteilung im Nahfeld nahezu konstant. Dahingegen wird das Hauptmaximum der Intensitätsverteilung im Fernfeld mit steigendem Energieverhältnis zu einem Minimum (Abb. 8.12, links).

Für ein steigendes Energieverhältnis verschwindet das Hauptmaximum, da sich die propagierende Strahlung in der Ebene des Detektionsschirms destruktiv überlagert. Damit ist eine Vermessung der numerischen Apertur im gezeigten Beispiel für $V_E = 80:20$ nicht möglich. Bei der folgenden Auswertung wird die numerische Apertur für diese Wellenleiter zu $NA = 0$ definiert. Trotzdem führt dieser Wellenleiter Licht, was anhand der Intensitätsverteilung im Nahfeld nachgewiesen wird (Abb. 8.12, rechts).

Die numerische Apertur wird in horizontaler (NA_h) und in vertikaler Richtung (NA_v) vermessen, um eventuelle Abweichungen in der Rundheit der geführten Mode beurteilen zu können. Abgesehen von den Ausreißern bei den Gesamtenergien $E_{ges} = 0,33;\ 0,38;\ 0,45\,\mu\text{J}$ steigt die numerische Apertur von Wellenleitern, die mit Doppelpulsen und dem zeitlichen Abstand $\Delta t = 200\,\text{ps}$ strukturiert werden, mit steigender Doppelpulsenergie an (Abb. 8.13).

Im untersuchten Energiebereich steigt die vertikale numerische Apertur von $NA_v = 0,007$ bei $E_{ges} = 0,22\,\mu\text{J}$ auf $NA_v = 0,026$ bei $E_{ges} = 1,32\,\mu\text{J}$. Für die Gesamtenergien $E_{ges} = 0,7 - 1,0\,\mu\text{J}$ ist der Anstieg der vertikalen und horizontalen numerischen Apertur größer als für $E_{ges} < 0,7\,\mu\text{J}$ und $E_{ges} > 1,0\,\mu\text{J}$. Demnach ist die Abhängigkeit der numerischen Apertur von der Gesamtenergie im untersuchten Energiebereich nicht linear. Der Unterschied zwischen der horizontalen und der vertikalen numerischen Apertur beträgt durchschnittlich $\overline{NA} = \overline{|NA_h - NA_v|} = 0,0015$. Für die Gesamtenergien

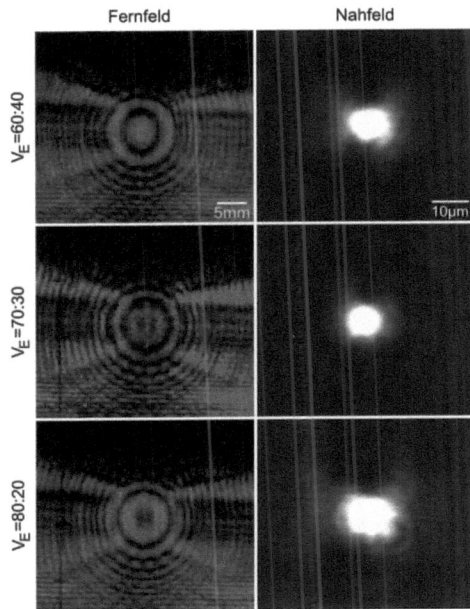

Abb. 8.12: Intensitätsverteilung im Fernfeld (links) und Nahfeld (rechts) von Wellenleitern in D263 ($\Delta t = 400$ ps, $E_{ges} = 0,75\,\mu$J, $V_E = 60 : 40;\ 70 : 30;\ 80 : 20, NA_{Ob} = 0,4$)

$E_{ges} > 0,8\,\mu$J ist der Unterschied kleiner als für $E_{ges} < 0,8\,\mu$J.

Im Bereich $40 : 60 \leq V_E \leq 60 : 40$ weist die vertikale numerische Apertur bei einer Gesamtenergie von $E_{ges} = 0,75\,\mu$J für $\Delta t = 600;\ 800;\ 1000$ ps ein lokales Maximum auf (Abb. 8.14). Für $V_E = 10 : 90$ nimmt die vertikale numerische Apertur für $\Delta t = 600$ ps und $\Delta t = 800$ ps vergleichbare Werte wie im lokalen Maximum ein. Das beschriebene, lokale Maximum ist besonders ausgeprägt für die gezeigte Gesamtenergie $E_{ges} = 0,75\,\mu$J. Für $E_{ges} = 0,60\,\mu$J und $E_{ges} = 0,90\,\mu$J sind die absoluten Werte vergleichbar und ebenfalls eine vergrößerte, vertikale numerische Apertur ist für $40 : 60 \leq V_E \leq 60 : 40$ feststellbar.

Die vertikale numerische Apertur zeigt für die untersuchten Pulsenergien und Energieverhältnisse eine signifikante Abhängigkeit vom zeitlichen Abstand der Doppelpulse. Bei $\Delta t = 400 - 800$ ps wird grundsätzlich eine Vergrößerung der vertikalen numerischen Apertur beobachtet, deren Ausprägung von der Kombination der Verfahrensparameter abhängt. Beispielhaft ist die numerische Apertur für die Energieverhältnisse $V_E = 50 : 50$ und $V_E = 60 : 40$ für zwei verschiedene Pulsenergien des ersten Pulses der Doppelpulse gezeigt (Abb. 8.15).
Deutlich tritt ein relativ breites Maximum der numerischen Apertur in Abhängigkeit vom zeitlichen Abstand bei $\Delta t = 400 - 800$ ps auf. Die Werte sind für $\Delta t = 0$ ps und $\Delta t = 2000$ ps vergleichbar oder sogar größer als die Werte im beschriebenen lokalen Maximum.

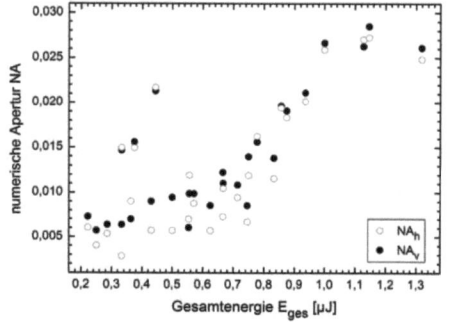

Abb. 8.13: Vertikale und horizontale numerische Apertur (NA_v und NA_h) in Abhängigkeit von der Gesamtenergie für Doppelpulse ($\Delta t = 200\,\text{ps}$, $NA_{Ob} = 0,4$)

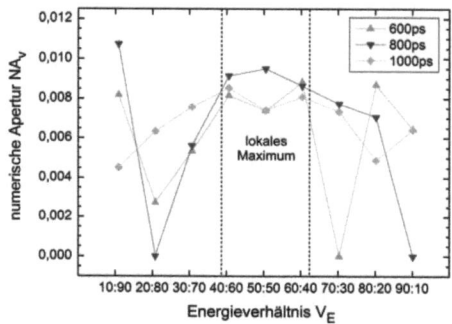

Abb. 8.14: Vertikale numerische Apertur NA_v in Abhängigkeit vom Energieverhältnis V_E für die zeitlichen Abstände $\Delta t = 600;\ 800;\ 1000\,\text{ps}$ der Doppelpulse ($E_{ges} = 0,75\,\mu\text{J}$, $NA_{Ob} = 0,4$)

Zusammenfassung und Schlussfolgerung

Für Wellenleiter, die mit Doppelpulsen strukturiert werden, weisen die Intensitätsverteilungen im Nahfeld vorwiegend einen lichtführenden Bereich auf (Abb. 8.12). Aufgrund der induzierten Brechungsindexverteilung im Material bildet sich die Grundmode mit kreisförmigem Strahlprofil aus. Ähnlich wie die Querschnittsmaße der Wellenleiter steigt auch die numerische Apertur mit steigender Gesamtenergie an. Durch größeren Energieeintrag wird ein größeres Volumen des Materials modifiziert. Bei Induzierung einer positiven Brechungsindexänderung kann der Betrag der Brechungsindexänderung größer sein, wodurch die numerische Apertur einen höheren Wert annimmt.

In Abhängigkeit vom Energieverhältnis zeigt die numerische Apertur für $E_{ges} = 0,75\,\mu\text{J}$ ein lokales Maximum (Abb. 8.14). Die Energiedeposition bei dem Energieverhältnis $V_E = 50:50$ ist für eine möglichst große numerische Apertur vorteilhaft. Zu berücksichtigen ist der Vergleich mit der absorbierten Energie aus Abbildung 8.5. Das lokale Maximum der numerischen Apertur bei $V_E = 50:50$ ist gleichbedeutend mit dem Minimum der absorbierten Leistung bei einer Gesamtenergie von $E_{ges} = 0,75\,\mu\text{J}$. Für $V_E = 10:90$ und $V_E = 90:10$ nehmen die numerische Apertur sowie die absorbierte Leistung jeweils relativ große Werte an. Die Doppelpulse ähneln bei diesen Energieverhältnissen aufgrund des großen Energieunterschiedes Einzelpulsen. Die große Absorption wird durch den jeweils höher energetischen Puls der Doppelpulse verursacht. Für Doppelpulse mit mittlerem Energieverhältnis $40:60 \leq V_E \leq 60:40$ ist der Energieunterschied bei gleicher Ge-

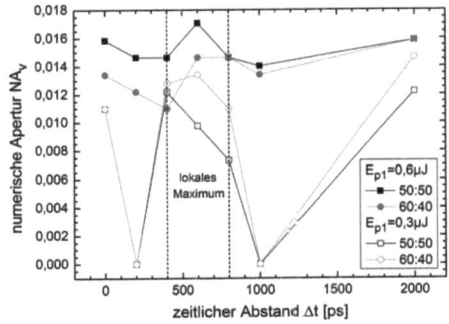

Abb. 8.15: Vertikale numerische Apertur NA_v in Abhängigkeit vom zeitlichen Abstand für die Pulsenergien des ersten Pulses $E_{p1} = 0,3; 0,6\,\mu J$ und die Energieverhältnisse $V_E = 50 : 50; 60 : 40$ ($NA_{Ob} = 0,4$)

samtenergie kleiner. Trotzdem wird eine vergleichbar große numerische Apertur bei relativ kleiner absorbierter Leistung erzielt. Demnach ist zum Erreichen einer großen numerischen Apertur nicht unbedingt eine große absorbierte Leistung erforderlich. Mit Doppelpulsen der Energieverhältnisse $40 : 60 \leq V_E \leq 60 : 40$ wird für $\Delta t = 400 - 800\,ps$ ebenfalls eine große numerische Apertur der Wellenleiter erreicht. In Kapitel 9.1 wird ein Modell zur Erklärung dieser Abhängigkeit vorgestellt.

Dämpfung

Die Wellenleiter in D263 werden bezüglich ihrer nicht-resonanten Dämpfung untersucht. Wellenleiter, die mit Einzelpulsen strukturiert werden, weisen für die Pulsenergie $E_p = 0,67\,\mu J$ eine minimale Dämpfung von $\alpha = 0,62\,\frac{dB}{cm}$ auf. Relativ kleine Dämpfungswerte unterhalb von $\alpha = 2,0\,\frac{dB}{cm}$ werden für Pulsenergien von $E_p = 0,63 - 0,76\,\mu J$ erreicht. Größere Pulsenergien vergrößern die Dämpfung der Wellenleiter auf bis zu $\alpha = 7,3\,\frac{dB}{cm}$.

Für Wellenleiter, die mit Doppelpulsen strukturiert werden, ist die Dämpfung bei der Gesamtenergie $E_{ges} = 0,67\,\mu J$, dem Energieverhältnis $V_E = 90 : 10$ und dem zeitlichen Abstand $\Delta t = 2000\,ps$ mit $\alpha = 0,53\,\frac{dB}{cm}$ vergleichbar mit den Werten für Einzelpulse. Auffällig ist, dass für $\alpha \leq 2,0\,\frac{dB}{cm}$ der zeitliche Abstand der Doppelpulse $\Delta t \geq 800\,ps$ beträgt. Die Gesamtenergie beträgt dabei zwischen $E_{ges} = 0,44\,\mu J$ und $E_{ges} = 1,20\,\mu J$. Eine Korrelation zwischen minimalen Dämpfungswerten und dem Energieverhältnis der Doppelpulse wird allerdings nicht nachgewiesen.

Zusammenfassung und Schlussfolgerung

Wellenleiter, die mit Einzelpulsen und Doppelpulsen hergestellt werden, weisen vergleichbare Dämpfungswerte auf. Kleine Dämpfungswerte der erzeugten Wellenleiter korrelieren nicht mit dem Energieverhältnis der Doppelpulse. Der Energiebereich, in dem kleine Dämpfungswerte mit $\alpha \leq 2,0\,\frac{dB}{cm}$ erzielt werden, liegt für Einzelpulse innerhalb des entsprechenden Energiebereichs für Doppelpulse. Da kein Zusammenhang mit dem Energieverhältnis feststellbar ist, wird als zentraler Verfahrensparameter zur Erreichung einer kleinen Dämpfung die Puls- bzw. Gesamtenergie der Doppelpulse gesehen.

8.1.3 Thermische Stabilität

Zur Überprüfung der thermischen Stabilität werden die strukturierten Glasproben für jeweils eine Stunde bei $T = 300\,°C$ und $T = 500\,°C$ erhitzt und erneut charakterisiert. Die Temperaturen sind so gewählt, dass sie knapp unterhalb der Transformationstemperatur für D263 von $T_g = 557\,°C$ liegen (vgl. Kap. 5.2.1). Lichtmikroskopische Aufnahmen weisen ein Verblassen der Strukturen mit steigender Temperatur auf (Abb. 8.16).

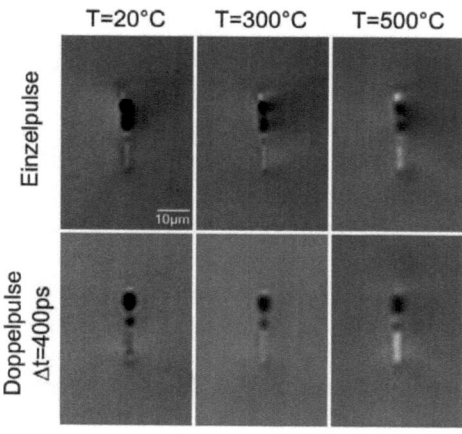

Abb. 8.16: Lichtmikroskopische Aufnahmen von Wellenleiterquerschnitten in D263 bei Raumtemperatur $T = 20\,°C$ und nach jeweils einer Stunde thermischer Behandlung bei $T = 300;\ 500\,°C$ für Einzelpulse (oben) und Doppelpulse mit $\Delta t = 400\,\text{ps}$ (unten) ($E_{ges} = 0{,}76\,\mu\text{J}$, $V_E = 50:50$, $NA_{Ob} = 0{,}4$)

Die Verringerung des Kontrasts und der Schärfe der mikroskopischen Aufnahmen weist auf eine Reduzierung bzw. Ausheilung der erzeugten Brechungsindexänderungen mit steigender Temperatur hin. Diese Vermutung wird durch die Fernfelddivergenzmessung bestätigt.

Die vertikale numerische Apertur verringert sich nach der thermischen Behandlung mit steigender Temperatur (Abb. 8.17). Auffällig ist die starke Reduzierung der vertikalen numerischen Apertur für einen zeitlichen Abstand der Doppelpulse von $\Delta t = 600\,\text{ps}$ mit ansteigender Temperatur. Das lokale Maximum bei $T = 20\,°C$ wird zu einem lokalen Minimum bei $T = 300\,°C$ und $T = 500\,°C$. Die vertikale numerische Apertur sinkt von $NA_v = 0{,}0171$ bei $T = 20\,°C$ auf $NA_v = 0{,}0078$ bei $T = 500\,°C$ um über 45%.

Die Reduzierung der vertikalen numerischen Apertur ist für die anderen untersuchten Energieverhältnisse wie beispielsweise $V_E = 60:40$ und $V_E = 80:20$ ebenfalls nachweisbar. Im Unterschied zum gezeigten Verlauf in Abbildung 8.17 bleibt das lokale Maximum bei $\Delta t = 600\,\text{ps}$ auch nach einer thermischen Behandlung bei $T = 500\,°C$ bestehen.

Zusammenfassung und Schlussfolgerung

Unter Temperaturbehandlung relaxieren die erzeugten Brechungsindexmodifikationen im Material. Sie bilden sich aufgrund der eingebrachten thermischen Energie zurück und die Spannungen werden reduziert bzw. abgebaut. Die Reduzierung der numerischen Apertur für $\Delta t = 600\,\text{ps}$ wird mit der Ausheilung induzierter Defekte erklärt. Farbzentren und Sauerstofffehlstellen werden unter Temperaturbehandlung ausgeheilt.

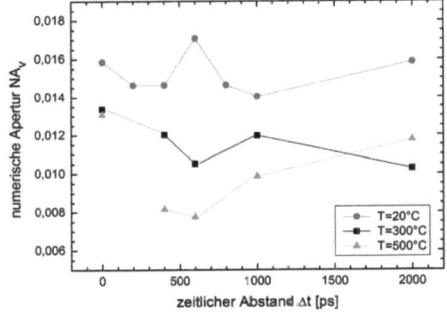

Abb. 8.17: Vertikale numerische Apertur NA_v in Abhängigkeit vom zeitlichen Abstand der Doppelpulse bei Raumtemperatur $T = 20\,°C$ und nach jeweils einer Stunde thermischer Behandlung bei $T = 300; 500\,°C$ ($E_{ges} = 1,152\,\mu J$, $V_E = 50:50$, $NA_{Ob} = 0,4$)

Zusammenfassend erfahren Wellenleiter in D263 nach einer thermischen Behandlung eine Reduzierung der numerischen Apertur. Die thermische Stabilität ist im Allgemeinen nicht gegeben, jedoch wird Lichtführung auch in thermisch behandelten Wellenleitern weiter nachgewiesen.

8.1.4 Simulation der Strahlpropagation

Die Führung von elektromagnetischer Strahlung entlang des Wellenleiters wird zur Berechnung der Intensitätsverteilung während der Propagation simuliert. Dabei wird die Invarianz der Brechungsindexverteilung des Wellenleiters in z-Richtung angenommen. Die Strahlung propagiert gemäß der semivektoriellen Wellengleichung entlang des Wellenleiters.

Für die Berechnung der Intensitätsverteilung wird die mittels Interferenzmikroskopie ermittelte Brechungsindexverteilung zu Grunde gelegt. Als Beispiel wird die Brechungsindexverteilung des Wellenleiters aus Abbildung 8.8, der mit der Pulsenergie $E_p = 0,778\,\mu J$ strukturiert wird, verwendet. Dieser Wellenleiter weist zwei vertikal übereinanderliegende Bereiche positiver Brechungsindexänderung mit einem Abstand von $l_y = 12\,\mu m$ auf (Abb. 8.18).

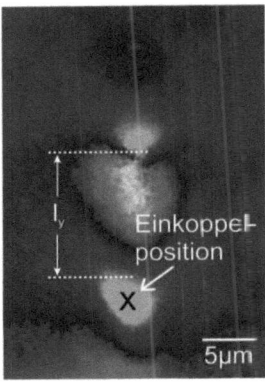

Abb. 8.18: Brechungsindexverteilung und Einkoppelposition eines Wellenleiters in D263 ($f = 100\,kHz$, $E_p = 0,778\,\mu J$, $v = 1\,\frac{mm}{s}$, $NA_{Ob} = 0,4$). Die Farbskala entspricht der in Abbildung 8.8 gezeigten.

Für die Simulation wird die Intensitätsverteilung der fokussierten Helium-Neon-Laserstrahlung unter den gleichen Voraussetzungen wie bei der Fernfelddivergenzmessung verwendet (vgl. Kap. 6.2.3 und Abb. 8.19, $l = 0$ mm) und in den unteren Bereich positiver Brechungsindexänderung eingekoppelt (Abb. 8.18).

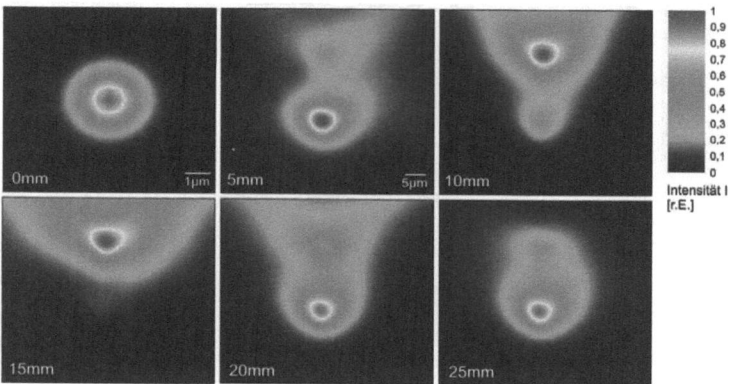

Abb. 8.19: Intensitätsverteilung im Wellenleiter in Abhängigkeit von der Propagationslänge $l = 0 - 25$ mm. Das erste Bild zeigt die Intensitätsverteilung der auf die Eintrittsfacette des Wellenleiters fokussierten Helium-Neon-Laserstrahlung mit von den anderen Bildern abweichendem Maßstab.

Die Ergebnisse der Simulation zeigen eine von der Propagationslänge abhängige Intensitätsverteilung (Abb. 8.19). Die Strahlung wird abwechselnd in beiden Bereichen positiver Brechungsindexänderung geführt, was einer Kopplung der Strahlung entspricht.

Zusammenfassung und Schlussfolgerung
Wie die Simulation zeigt, verbleibt die Strahlung nicht in dem Bereich positiver Brechungsindexänderung, in den sie eingekoppelt wird. Der Grund dafür liegt darin, dass die Strahlung während der Propagation nicht lokalisiert ist, sondern sich räumlich über einen ausgedehnten Bereich erstreckt. Diese Strahlungsanteile werden evaneszentes Wellenfeld genannt [46]. Sie propagieren ausschließlich außerhalb des eigentlichen Wellenleiters. Sind die Bereiche positiver Brechungsindexänderung wie im betrachteten Beispiel räumlich ausreichend nah beieinander ($l_y = 12\,\mu$m, Abb. 8.18), findet die Kopplung der Strahlung von einem Bereich zum anderen mittels Energieübertrag statt. Dabei wird der energetische Transport allein durch das evaneszente Wellenfeld verursacht. Abhängig von der Länge des Wellenleiters wird die Strahlung im betrachteten Beispiel unabhängig von dem Bereich der Einkopplung entweder im oberen oder unteren Teil des Wellenleiters ausgekoppelt.

Da die Intensität des evaneszenten Wellenfeldes innerhalb weniger Mikrometer auf Null abfällt, ist für eine effiziente Kopplung der Abstand der lichtführenden Bereiche entscheidend. Die einzelnen, strukturierten und untersuchten Wellenleiter weisen einen Abstand von $\Delta x = 100\,\mu$m auf. Sie liegen so weit auseinander, dass zwischen ihnen keine optische Kopplung beobachtet wird.

8.2 Wellenleiter in Quarzglas

8.2.1 Strukturelle Eigenschaften

Einzel- und Hochfrequenzpulse

Mit steigender Pulsenergie im Energiebereich $E_p = 0,11 - 3,12\,\mu\text{J}$ steigen die Querschnittshöhe h und die -breite b jeweils bis auf $h = 46,8\,\mu\text{m}$ und $b = 10,6\,\mu\text{m}$ an (Abb. 8.20). Die Steigung der Querschnittsbreite beträgt nach Anpassung einer Geraden mittels linearer Regression durchschnittlich $m_b = 2,6\,\frac{\mu\text{m}}{\mu\text{J}}$. Die Steigung der Querschnittshöhe lässt sich dagegen am besten durch eine Wurzelfunktion der Form $y = p \cdot x^q$ mit $p = 26,7\,\frac{\mu\text{m}}{\mu\text{J}}$ und $q = 0,5$ beschreiben. Insgesamt ist die Querschnittshöhe für die gleichen Verfahrensparameter um den Faktor 2,8-5 größer als die Querschnittsbreite.

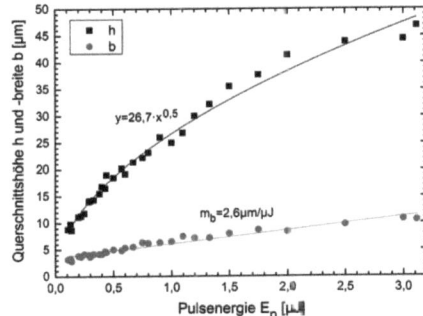

Abb. 8.20: Querschnittshöhe h und -breite b in Abhängigkeit von der Pulsenergie ($f = 100\,\text{kHz}$, $v = 1\,\frac{\text{mm}}{\text{s}}$, $NA_{Ob} = 0,6$, $\lambda = 1043\,\text{nm}$; vgl. Kap. 8.1.1)

Die Pulsenergie $E_p = 0,11\,\mu\text{J}$ liegt mit dem verwendeten Mikroskopobjektiv der numerischen Apertur $NA_{Ob} = 0,6$ genau an der Schwelle für eine Modifikation des Materials. Für eine schwächere Fokussierung mit $NA_{Ob} = 0,4$ ist keine Modifikation mittels Lichtmikroskopie feststellbar. Für die Repetitionsrate $f = 100\,\text{kHz}$ werden bis zur maximal untersuchten Pulsenergie von $E_p = 3,12\,\mu\text{J}$ weder das Auftreten von Wärmeakkumulation noch von Rissen in den Querschnitten der Wellenleiter beobachtet.

Wird die Repetitionsrate hingegen auf $f = 1\,\text{MHz}$ vergrößert, tritt Wärmeakkumulation für die Pulsenergien $E_p \geq 0,41\,\mu\text{J}$ auf. Im oberen Bereich des Wellenleiterquerschnitts wird für diese Pulsenergien der Einfluss von Wärmeakkumulation als symmetrische äußere Struktur nachgewiesen (Abb. 8.21). Die Modifikationen sind innerhalb des gesamten untersuchten Pulsenergiebereichs bis $E_p = 0,41\,\mu\text{J}$ homogen und rissfrei. Die Modifikationsschwelle liegt für $f = 1\,\text{MHz}$ und $NA_{Ob} = 0,7$ bei der Pulsenergie $E_p = 0,06\,\mu\text{J}$.

Für große Repetitionsraten nimmt die Steigung der äußeren Querschnittshöhe für $f = 5\,\text{MHz}$ mit $m_h = 332,6\,\frac{\mu\text{m}}{\mu\text{J}}$ sowie für $f = 10\,\text{MHz}$ mit $m_h = 790,8\,\frac{\mu\text{m}}{\mu\text{J}}$ mit steigender Pulsenergie zu (Abb. 8.22, links). Für die Repetitionsraten $f < 5\,\text{MHz}$ ist die Steigung mit durchschnittlich $\overline{m_h} = 66,8\,\frac{\mu\text{m}}{\mu\text{J}}$ kleiner. Die Querschnittsbreite verhält sich in Abhängigkeit von der Pulsenergie für $f \geq 5\,\text{MHz}$ ähnlich wie

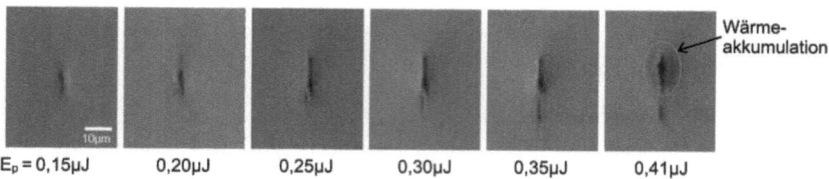

Abb. 8.21: Lichtmikroskopische Aufnahmen von Wellenleiterquerschnitten in Quarzglas mittels Einzelpulsen und variierter Pulsenergie ($f = 1\,\text{MHz}$, $v = 1\,\frac{\text{mm}}{\text{s}}$, $NA_{Ob} = 0{,}7$, $\lambda = 1030\,\text{nm}$)

die Querschnittshöhe (Abb. 8.22, rechts). Allerdings beträgt die Steigung der Querschnittsbreite für die Repetitionsraten $f < 5\,\text{MHz}$ durchschnittlich nur $\overline{m_h} = 7{,}3\,\frac{\mu\text{m}}{\mu\text{J}}$.

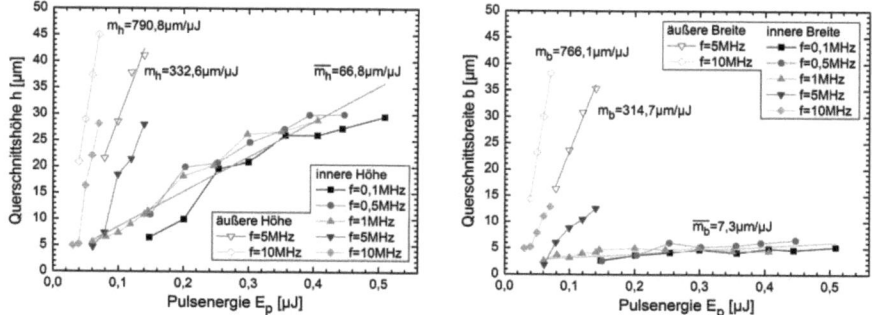

Abb. 8.22: Querschnittshöhe h (links) und -breite b (rechts) in Abhängigkeit von der Pulsenergie für verschiedene Repetitionsraten der Einzelpulse ($v = 0{,}1\,\frac{\text{mm}}{\text{s}}$, $NA_{Ob} = 0{,}7$, $\lambda = 1030\,\text{nm}$)

Für die Repetitionsraten $f = 5\,\text{MHz}$ und $f = 10\,\text{MHz}$ nähert sich das Verhältnis aus äußerer Querschnittshöhe und -breite mit steigender Pulsenergie dem Wert $\frac{h_a}{b_a} = 1$ an (vgl. Abb. A.9 im Anhang). Aufgrund von Wärmeakkumulation werden im Material nahezu kreisförmige Querschnitte induziert. Die Modifikationsschwellen zur Strukturierung von Wellenleitern nehmen bei Einzelpulsen mit steigender Repetitionsrate der Laserpulse und steigender numerischer Apertur des Mikroskopobjektivs ab. Für $NA_{Ob} = 0{,}7$ und $f = 500\,\text{kHz}$ liegt die Schwelle unterhalb von $E_p = 0{,}10\,\mu\text{J}$, für $f = 1\,\text{MHz}$ unterhalb von $E_p = 0{,}06\,\mu\text{J}$. Bei der Repetitionsrate $f = 10\,\text{MHz}$ können für Pulsenergien $E_p < 0{,}03\,\mu\text{J}$ keine Wellenleiter mehr strukturiert werden.

Wird die numerische Apertur von $NA_{Ob} = 0{,}7$ auf $NA_{Ob} = 0{,}4$ bei $f = 1\,\text{MHz}$ verkleinert, nimmt die Modifikationsschwelle um den Faktor zwei auf $E_p = 0{,}12\,\mu\text{J}$ zu. Selbst bei einer Reduzierung der Geschwindigkeit von $v = 1{,}0\,\frac{\text{mm}}{\text{s}}$ auf $v = 0{,}1\,\frac{\text{mm}}{\text{s}}$ ist keine Modifikation im Material feststellbar. Liegt allerdings eine Modifikation im Material vor, nehmen die Querschnittsmaße für steigende Verfahrgeschwindigkeiten ab. In Quarzglas wird dieses Verhalten für die numerische Apertur $NA_{Ob} = 0{,}4$ und die Repetitionsraten $f = 0{,}1;\ 0{,}5;\ 1\,\text{MHz}$ für die Verfahrgeschwindigkeiten $v = 0{,}1 - 2{,}0\,\frac{\text{mm}}{\text{s}}$ nachgewiesen (vgl. Abb. A.10 im Anhang).

Zusammenfassung und Schlussfolgerung

Für die Repetitionsraten $f \leq 1\,\text{MHz}$ ist ein deutlicher Unterschied in den Werten der Querschnittshöhe und -breite in Abhängigkeit von der Pulsenergie feststellbar (Abb. 8.20 und 8.22). Für $f = 100\,\text{kHz}$ und $NA_{Ob} = 0{,}6$ steigt die Querschnittshöhe gemäß einer Wurzelfunktion an (Abb. 8.20), so dass mit steigender Pulsenergie eine immer kleinere Änderung der Querschnittshöhe erfolgt. Die Strukturen sind bei der größten untersuchten Pulsenergie von $E_p = 3{,}12\,\mu\text{J}$ rissfrei. Eine Aufweitung des Querschnitts in eine innere und äußere Struktur kann mittels Lichtmikroskopie nicht nachgewiesen werden. Thermische Prozesse wie Wärmeakkumulation treten in Quarzglas für $f < 1\,\text{MHz}$ im jeweils untersuchten Energiebereich folglich nicht auf. Bei $f = 1\,\text{MHz}$ ist das Einsetzen von Wärmeakkumulation hingegen für die relativ große Pulsenergie $E_p = 0{,}41\,\mu\text{J}$ zu beobachten (Abb. 8.21). Nimmt die Repetitionsrate auf bis zu $f = 10\,\text{MHz}$ zu, nähern sich die Werte der Querschnittshöhe und -breite einander an und nahezu kreisförmige Querschnitte werden aufgrund von Wärmeakkumulation induziert (vgl. Abb. A.9 im Anhang).

Zusätzlich zum Einsetzen von Wärmeakkumulation sinkt mit steigender Repetitionsrate die Modifikationsschwelle des Materials auf bis zu $E_p < 0{,}03\,\mu\text{J}$ bei $f = 10\,\text{MHz}$ ab. Um das Material auch bei kleinen Pulsenergien modifizieren zu können, kann die numerische Apertur des Mikroskopobjektivs NA_{Ob} vergrößert und die Verfahrgeschwindigkeit verkleinert werden.

Doppelpulse

Für die mit Doppelpulsen strukturierten Wellenleiter steigen die Querschnittshöhe und -breite bis zur maximal untersuchten Gesamtenergie von $E_{ges} = 1{,}0\,\mu\text{J}$ an. Der Verlauf der Querschnittsmaße ist für die untersuchten zeitlichen Abstände in Abhängigkeit von der Gesamtenergie nahezu linear. Ebenso wie bei den mit Einzelpulsen strukturierten Wellenleitern ist die Querschnittshöhe stets größer und nimmt mit steigender Gesamtenergie stärker zu als die Querschnittsbreite (vgl. Abb. A.11 im Anhang).

In Abhängigkeit vom Energieverhältnis sinkt die Querschnittshöhe bei einer Gesamtenergie von $E_{ges} = 0{,}6\,\mu\text{J}$ für $40:60 \leq V_E \leq 60:40$ mit steigendem Energieverhältnis zunächst von $h = 12{,}7 - 18{,}5\,\mu\text{m}$ auf $h = 7{,}0 - 13{,}7\,\mu\text{m}$ (Abb. 8.23). Für die Energieverhältnisse $V_E \geq 60:40$ nimmt die Querschnittshöhe bis auf die Werte $h = 16{,}7 - 19{,}0\,\mu\text{m}$ bei $V_E = 90:10$ zu.

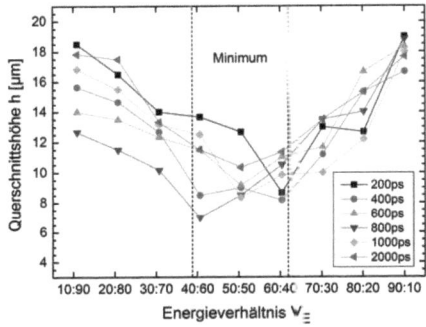

Abb. 8.23: Querschnittshöhe h in Abhängigkeit vom Energieverhältnis für verschiedene zeitliche Abstände Δt der Doppelpulse ($E_{ges} = 0{,}6\,\mu\text{J}$, $NA_{Ob} = 0{,}6$)

Für alle untersuchten zeitlichen Abstände liegt ein Minimum der Querschnittshöhe für $40:60 \leq V_E \leq 60:40$ vor. Für $\Delta t = 600; 1000; 2000\,\text{ps}$ wird das Minimum bei dem Energieverhältnis $V_E = 50:50$ erreicht, bei dem beide Pulse der Doppelpulse die gleiche Energie von $E_{p1} = E_{p2} = 0,3\,\mu\text{J}$ aufweisen. Für $\Delta t = 200\,\text{ps}$ liegt das Minimum bei $V_E = 60:40$, während es für $\Delta t = 800\,\text{ps}$ für $V_E = 40:60$ eingenommen wird. Bei der Betrachtung eines konstanten Energieverhältnisses ist keine systematische Abhängigkeit der Querschnittshöhe in Bezug auf den zeitlichen Abstand der Doppelpulse feststellbar (Abb. 8.23).

Erschwert wird die Bestimmung der Querschnittshöhe in Quarzglas dadurch, dass mittels Lichtmikroskopie oftmals nicht eindeutig zu bestimmen ist, ob die Struktur an sich die bestimmte Höhe aufweist oder ob sich im oberen oder unteren Bereiche des Querschnitts kleine Risse gebildet haben. Daher wird der Fehler auf die Bestimmung der Querschnittshöhe zu $\sigma_h = \pm 1\,\mu\text{m}$ abgeschätzt.

In Abhängigkeit vom zeitlichen Abstand weist die Querschnittshöhe für $V_E = 50:50$ unabhängig von der verwendeten Gesamtenergie ein lokales Maximum für $\Delta t = 400 - 800\,\text{ps}$ auf (Abb. 8.24). Außerdem wird die Vergrößerung der Querschnittshöhe mit steigender Gesamtenergie beobachtet. Für $\Delta t = 200\,\text{ps}$ steigt sie von $h = 10,2\,\mu\text{m}$ bei $E_{ges} = 0,3\,\mu\text{J}$ auf $h = 24,5\,\mu\text{m}$ bei $E_{ges} = 0,6\,\mu\text{J}$ an. Das Maximum der Querschnittshöhe für die zeitlichen Abstände $\Delta t = 400 - 800\,\text{ps}$ zeigt für die Gesamtenergie $E_{ges} = 0,3\,\mu\text{J}$ die stärkste Ausprägung. Hierbei ist das Maximum nicht nur lokal, sondern global in Bezug auf die untersuchten zeitlichen Abstände der Doppelpulse. Für die Gesamtenergien $E_{ges} > 0,3\,\mu\text{J}$ wird hingegen nur eine lokale Ausprägung des Maximums nachgewiesen.

Für die Energieverhältnisse $V_E \neq 50:50$ wird das lokale Maximum ebenfalls für die zeitlichen Abstände $\Delta t = 400-800\,\text{ps}$ beobachtet. Allerdings ist seine Höhe im Vergleich zu den anderen zeitlichen Abständen kleiner. Das Energieverhältnis $V_E = 50:50$ zeigt im Vergleich zu den anderen Energieverhältnissen somit die größte Abhängigkeit vom zeitlichen Abstand.

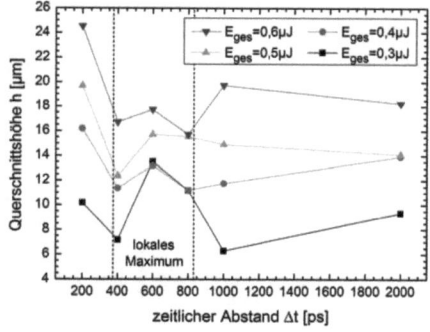

Abb. 8.24: Querschnittshöhe in Abhängigkeit vom zeitlichen Abstand der Doppelpulse Δt für verschiedene Gesamtenergien ($V_E = 50:50$, $NA_{Ob} = 0,6$)

Mittels Lichtmikroskopie werden in Abhängigkeit von den verwendeten Verfahrensparametern Risse bei den mit Doppelpulsen strukturierten Wellenleitern in Quarzglas nachgewiesen. Beispielsweise treten für den in Abbildung 8.24 dargestellten Querschnitt für $\Delta t = 400\,\text{ps}$, $V_E = 50:50$ und $E_{ges} = 0,6\,\mu\text{J}$ Risse im oberen Bereich des Querschnitts auf (Abb. 8.25). Im Vergleich zu den mit

Einzelpulsen geschriebenen Wellenleitern werden für $\Delta t = 400\,\text{ps}$ rissförmige Strukturen in Quarzglas induziert (Abb. 8.25). Das Vorliegen von Rissen bei Doppelpulsen im Vergleich zu Einzelpulsen wird für eine jeweils konstante Gesamtenergie festgestellt. Insgesamt werden Risse ebenfalls im oberen Bereich des Querschnitts für $E_{ges} \geq 0,5\,\mu\text{J}$ und $V_E \geq 40:60$ beobachtet. Für das Energieverhältnis $V_E = 90:10$ werden selbst bei der maximal untersuchten Gesamtenergie von $E_{ges} = 0,6\,\mu\text{J}$ keinerlei Risse nachgewiesen.

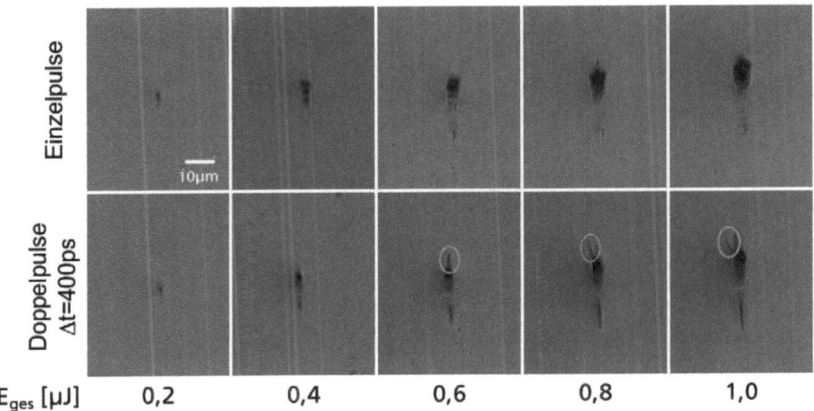

Abb. 8.25: Lichtmikroskopische Aufnahmen von Querschnitten für Einzelpulse und Doppelpulse mit dem zeitlichen Abstand $\Delta t = 400\,\text{ps}$ und dem Energieverhältnis $V_E = 50:50$ in Abhängigkeit von der Gesamtenergie. Die Risse sind durch Ellipsen markiert. ($f = 100\,\text{kHz}$, $NA_{Ob} = 0,6$)

Als Auswirkung einer durch elektronische Prozesse induzierten Brechungsindexmodifikation wird in Quarzglas die Ausbildung von Nanoplanes bei der Strukturierung mit Doppelpulsen und einem Mikroskopobjektiv der numerischen Apertur $NA_{Ob} = 0,6$ beobachtet (Abb. 8.26). Beide abgebildeten Wellenleiterquerschnitte werden mit konstanter Pulsenergie $E_{ges} = 0,11\,\mu\text{J}$ und dem zeitlichen Abstand $\Delta t = 800\,\text{ps}$ strukturiert. Für $t = 50\,\text{min}$ werden die Strukturen in Kaliumhydroxid geätzt. Die Nanoplanes sind senkrecht zur Polarisation der eingestrahlten Laserstrahlung orientiert und weisen eine Periode von $\Lambda \approx 300\,\text{nm}$ auf.

Die Morphologie der Nanoplanes und die Anzahl der Nanoebenen im Querschnitt ist nicht vollständig für die untersuchten Verfahrensparameter reproduzierbar (Abb. 8.26). Durch Prozesse der Selbstorganisation im Volumen des Materials werden leichte Unterschiede in der Morphologie der Strukturen hervorgerufen.

Zusammenfassung und Schlussfolgerung

In Abhängigkeit vom Energieverhältnis wird für die Querschnittshöhe jeweils ein Minimum bei $40:60 \leq V_E \leq 60:40$ für die verschiedenen zeitlichen Abstände beobachtet (Abb. 8.23). Messwerte für die transmittierte Leistung liegen aufgrund der großen numerischen Apertur $NA_{Ob} = 0,6$ des Mikroskopobjektivs nicht vor (vgl. Kap. 6.2.1). Da in Quarzglas der qualitati-

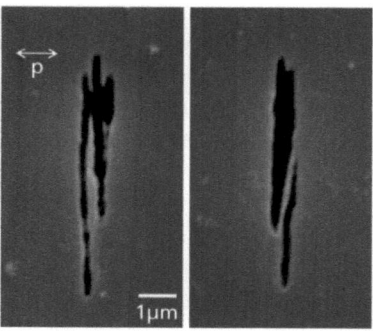

Abb. 8.26: Rasterelektronenmikroskopische Aufnahmen von geätzten Wellenleiterquerschnitten mit Nanoplanes ($\Delta t = 800\,\text{ps}$, $E_{ges} = 0{,}11\,\mu\text{J}$, $V_E = 90:10$, $NA_{Ob} = 0{,}6$)

ve Verlauf der Querschnittshöhe in Abhängigkeit vom Energieverhältnis dem von D263 entspricht (vgl. Abb. 8.5), wird derselbe Zusammenhang zwischen der Querschnittshöhe und der absorbierten Energie im Material abgeleitet. Demnach liegt für die Energieverhältnisse $40:60 \leq V_E \leq 60:40$ eine minimale Absorption im Material vor, die zu kleinen Querschnittshöhen führt. Die Gesamtenergie ist mit $E_{ges} = 0{,}6\,\mu\text{J}$ zwar gleich, jedoch weist bei den anderen Energieverhältnissen einer der beiden Pulse eine größere Pulsenergie auf (vgl. Tab. A.3 im Anhang). Dann wird die Energie nicht zur Erwärmung des Materials verwendet, sondern zur Induzierung einer permanenten Brechungsindexmodifikation.

Die Querschnittshöhe zeigt ein lokales ($E_{ges} = 0{,}4 - 0{,}6\,\mu\text{J}$) bzw. globales Maximum ($E_{ges} = 0{,}3\,\mu\text{J}$) für die zeitlichen Abstände $\Delta t = 400 - 800\,\text{ps}$ der Doppelpulse (Abb. 8.24). Für das Energieverhältnis $V_E = 50:50$, für das die einzelnen Laserpulse die gleiche Pulsenergie aufweisen, wird die größte Ausprägung des Maximums beobachtet. Der Einfluss der Doppelpulse ist somit signifikant. Die nachgewiesene Abhängigkeit der numerischen Apertur vom zeitlichen Abstand der Doppelpulse wird als Folge von durch die Laserstrahlung induzierten, elektronischen Prozessen interpretiert (vgl. Kap. 9.1).

Einen weiteren Hinweis für das Vorliegen von elektronischen Prozessen wird durch die beobachtete Ausbildung von Nanoplanes in Quarzglas gegeben (Abb. 8.26). In der Vergangenheit sind Nanoplanes von vielen verschiedenen Forschungsgruppen nachgewiesen worden [89, 90, 117, 118]. Erstmals werden Nanoplanes nun bei der Verwendung von Doppelpulsen mit einem zeitlichen Abstand von $\Delta t = 800\,\text{ps}$ in Quarzglas beobachtet. Die relativ große numerische Apertur des Mikroskopobjektivs von $NA_{Ob} = 0{,}6$ begünstigt das Auftreten von elektronischen Prozessen und damit die Bildung von Nanoplanes im Material.

Im Vergleich zu Einzelpulsen werden für Doppelpulse für die Gesamtenergien $E_{ges} \geq 0{,}5\,\mu\text{J}$ durch induzierte Spannungen Risse im Material erzeugt. Das Auftreten von Wärmeakkumulation wird für $f = 100\,\text{kHz}$ hingegen nicht beobachtet. Im Material bilden sich durch die induzierten Spannungen Risse aus, bevor sich der Querschnitt durch Wärmeakkumulation lateral ausdehnen kann. Durch den Energieeintrag innerhalb weniger hundert Pikosekunden werden die werkstoffmechanischen Bruchkriterien überschritten und entstandene Spannungen durch Risse abgebaut.

Für das Energieverhältnis $V_E = 90:10$ und der Gesamtenergie $E_{ges} = 0{,}6\,\mu\text{J}$ liegt die Pulsenergie des zweiten Pulses mit $E_{p2} = 0{,}06\,\mu\text{J}$ unterhalb der Modifikationsschwelle vor $E_p = 0{,}11\,\mu\text{J}$, so dass durch ihn allein keine Brechungsindexänderung erzeugt wird. Da für Einzelpulse im gesamten untersuchten Energiebereich bis $E_p = 3{,}12\,\mu\text{J}$ keine Risse beobachtet werden, treten sie für das Energieverhältnis $V_E = 90:10$ in diesem Fall der Doppelpulse ebenfalls nicht auf.

8.2.2 Optische Eigenschaften

Interferenzmikroskopie
Doppelpulse
Die Wellenleiterquerschnitte werden mittels Interferenzmikroskopie bezüglich ihrer zwei-dimensionalen Brechungsindexverteilung untersucht. Ähnlich wie im Borosilikatglas D263 sind mehrere Bereiche positiver und negativer Brechungsindexänderung feststellbar. Für $\Delta t = 200\,\text{ps}$ wird ein Bereich positiver Brechungsindexänderung von zwei Bereichen negativer Brechungsindexänderung in Propagationsrichtung der Laserstrahlung umschlossen (Abb. 8.27). Die Pulsenergie des ersten Pulses ist konstant gehalten zu $E_{p1} = 0{,}1\,\mu\text{J}$. Auf Grund der Variation des Energieverhältnisses ändert sich die Gesamtenergie im Bereich $E_{ges} = 0{,}11 - 0{,}18\,\mu\text{J}$.

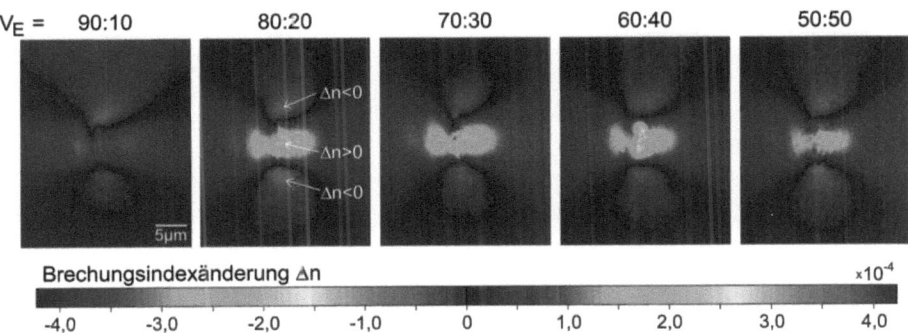

Abb. 8.27: Brechungsindexverteilung von Wellenleiterquerschnitten in Quarzglas mittels Doppelpulsen ($\Delta t = 200\,\text{ps}$, $E_{p1} = 0{,}1\,\mu\text{J}$, $NA_{Ob} = 0{,}6$)

Die Struktur und Größe der einzelnen Bereiche mit verändertem Brechungsindex ändern sich bei der Variation der Pulsenergie im betrachteten Bereich nur unwesentlich.
Der absolute Wert der positiven Brechungsindexänderung beträgt maximal $\Delta n = 2{,}9 \cdot 10^{-4}$ im Zentrum der Struktur bei $V_E = 60:40$. Die beiden Bereiche negativer Brechungsindexänderung weisen dem Betrag nach jeweils den größten Wert in unmittelbarer Nähe zum Bereich positiver Brechungsindexänderung auf. Die negative Brechungsindexänderung beträgt maximal $\Delta n = -0{,}6 \cdot 10^{-4}$. Für die Simulation der Strahlpropagation im Wellenleiter (vgl. Kap. 8.2.4) wird aufgrund der maximalen, positiven Brechungsindexänderung von $\Delta n = 2{,}9 \cdot 10^{-4}$ der Wellenleiter des Energieverhältnisses $V_E = 60:40$ ausgewählt (Abb. 8.27).
Bei größeren Pulsenergien bis zu $E_{ges} = 0{,}72\,\mu\text{J}$ werden die Bereiche alternierender Brechungsindexänderung jeweils größer, wodurch sie sich einander räumlich annähern. Eine Unterscheidung in

Bereiche positiver und negativer Brechungsindexänderung ist vor allem im Zentrum der Struktur anhand der interferenzmikroskopischen Aufnahmen nicht möglich (vgl. Abb. A.13 im Anhang). In den Randbereichen ist jedoch eine starke Zunahme im Betrag der negativen Brechungsindexänderung mit $\Delta n = -2,1 \cdot 10^{-4}$ zu beobachten.
Für zeitliche Abstände der Doppelpulse $\Delta t \neq 200\,\text{ps}$ werden qualitativ die gleichen Strukturen wie bei $\Delta t = 200\,\text{ps}$ erzeugt. Konsistent ist die Vergrößerung der Brechungsindexmodifikationen mit steigender Pulsenergie.

Zusammenfassung und Schlussfolgerung

Aufgrund des länglichen Fokusvolumens wird eine in Propagationsrichtung orientierte Brechungsindexänderun g in den Wellenleiterquerschnitten von Quarzglas beobachtet. Senkrecht zur Propagationsrichtung dehnt sich die Struktur selbst bei Pulsenergien bis zu $E_{ges} = 0,72\,\mu\text{J}$ nur wenig aus. Der Bereich positiver Brechungsindexänderung weist keine kreisförmige sondern eine hantelförmige Struktur in der Achse senkrecht zur Propagationsrichtung der Laserstrahlung auf. Zusätzlich werden die Beträge der induzierten Brechungsindexänderungen durch den größeren Energie- und Wärmeeintrag bei steigender Gesamtenergie bzw. abnehmendem Energieverhältnis größer.
Die Strahlung wird entlang des Wellenleiters ausschließlich im Bereich positiver Brechungsindexänderung geführt. Im Vergleich zu D263 wird in Quarzglas auch bei großen Pulsenergien nur ein einzelner zusammenhängender Bereich positiver Brechungsindexänderung erzeugt.

Fernfelddivergenz- und Nahfeldmessung
Einzel- und Hochfrequenzpulse

Für Einzel- und Hochfrequenzpulse wird die vertikale numerische Apertur der Wellenleiter in Abhängigkeit von der Verfahrgeschwindigkeit für $NA_{Ob} = 0,4$ bestimmt (Abb. 8.28). Unabhängig von der verwendeten Repetitionsrate und der Pulsenergie beträgt die vertikale numerische Apertur durchschnittlich $\overline{NA_v} = 0,0075$. Anhand der ermittelten und dargestellten Messwerte ist keine bevorzugte Verfahrgeschwindigkeit zur Erreichung einer großen vertikalen numerischen Apertur feststellbar. Ebenso wird keine ausgezeichnete Repetitionsrate oder Pulsenergie für $NA_{Ob} = 0,4$ bestimmt.

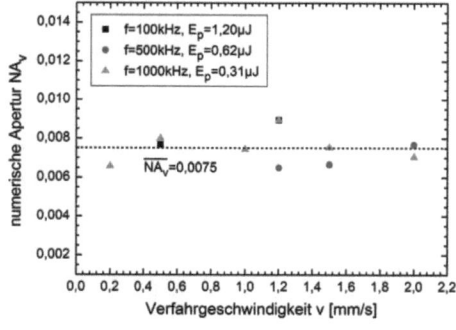

Abb. 8.28: Vertikale numerische Apertur NA_v in Abhängigkeit von der Verfahrgeschwindigkeit für verschiedene Repetitionsraten und Pulsenergien ($NA_{Ob} = 0,4$, $\lambda = 1030\,\text{nm}$)

Bei einer Vergrößerung der numerischen Apertur des Mikroskopobjektivs auf $NA_{Ob} = 0,6$ ist ebenfalls keine signifikante Änderung in der vertikalen numerischen Apertur der Wellenleiter feststellbar (Abb. 8.29). Bei einer Repetitionsrate von $f = 100\,\text{kHz}$ beträgt die vertikale numerische Apertur in Abhängigkeit von der Pulsenergie durchschnittlich $\overline{NA_v} = 0,0072$.

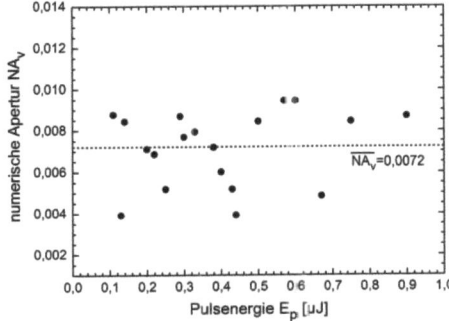

Abb. 8.29: Vertikale numerische Apertur NA_v in Abhängigkeit von der Pulsenergie ($f = 100\,\text{kHz}$, $v = 1,0\,\frac{mm}{s}$, $NA_{Ob} = 0,6$, $\lambda = 1043\,\text{nm}$)

Wird die Repetitionsrate von $f = 0,1\,\text{MHz}$ auf $f = 0,5\,\text{MHz}$ und $f = 1\,\text{MHz}$ vergrößert, beträgt die durchschnittliche vertikale numerische Apertur der Wellenleiter $\overline{NA_v} = 0,0074$. Beispielsweise weist der Wellenleiter mit den Verfahrensparametern $f = 1\,\text{MHz}$, $E_p = 0,31\,\mu\text{J}$ und $v = 0,2\,\frac{mm}{s}$ eine vertikale numerische Apertur von $NA_v = 0,0066$ auf.

Die Intensitätsverteilung im Fernfeld weist ein kreisförmiges Hauptmaximum auf, während im Nahfeld ein einzelner lichtführender Bereich auf der Endfacette des Wellenleiters nachgewiesen wird (Abb. 8.30). Für alle untersuchten Verfahrensparameter ist für Einzelpulse insgesamt kein signifikanter Unterschied in der numerischen Apertur der Wellenleiter feststellbar.

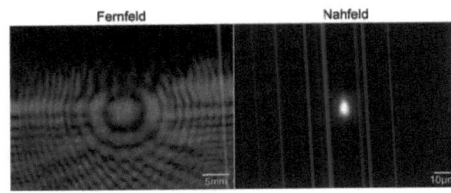

Abb. 8.30: Intensitätsverteilung im Fernfeld (links) und im Nahfeld (rechts) eines Wellenleiters in Quarzglas ($f = 1\,\text{MHz}$, $v = 0,2\,\frac{mm}{s}$, $NA_{Ob} = 0,4$, $\lambda = 1030\,\text{nm}$)

Zusammenfassung und Schlussfolgerung

Bei der Herstellung von Wellenleitern in Quarzglas mittels Einzel- und Hochfrequenzpulsen ist im untersuchten Verfahrensparameterbereich keine signifikante Abhängigkeit der numerischen Apertur zu beobachten. Selbst bei einer Variation der Pulsenergie wird keine Auswirkung auf die lichtführenden Eigenschaften, die in der numerischen Apertur messbar sind, festgestellt. Da viele Wellenleiter für die Lichtführung nicht geeignet sind, liegen zur Untersuchung der numerischen Apertur weniger Messwerte als für die Querschnittshöhe und -breite vor. Der Anteil negativer Brechungsindexänderungen verhindert die Propagation von Licht entlang des Wellenleiters und somit auch die Quantifizierung der numerischen Apertur.

Doppelpulse

Die Intensitätsverteilungen im Fernfeld der Wellenleiter weisen bei konstantem Energieverhältnis eine große Abhängigkeit von der verwendeten Gesamtenergie der Doppelpulse auf. Bei einem zeitlichen Abstand von $\Delta t = 600\,\text{ps}$ und dem Energieverhältnis $V_E = 40 : 60$ wird im Zentrum der Intensitätsverteilung für $E_{ges} = 0,3\,\mu\text{J}$ ein kreisförmiges Hauptmaximum beobachtet (Abb. 8.31, links). Wird die Gesamtenergie auf bis zu $E_{ges} = 0,6\,\mu\text{J}$ vergrößert, wird das Hauptmaximum hingegen nicht mehr nachgewiesen.

Wird nun das dazugehörige Nahfeld der Wellenleiter betrachtet, ist für $E_{ges} = 0,3\,\mu\text{J}$ ein einzelner lichtführender Bereich feststellbar (Abb. 8.31, rechts). Für $E_{ges} = 0,4 - 0,6\,\mu\text{J}$ sind jeweils zwei lichtführende, nahezu kreisförmige Bereiche zu sehen, die horizontal nebeneinander angeordnet sind. Dazwischen findet hingegen keine Lichtführung statt.

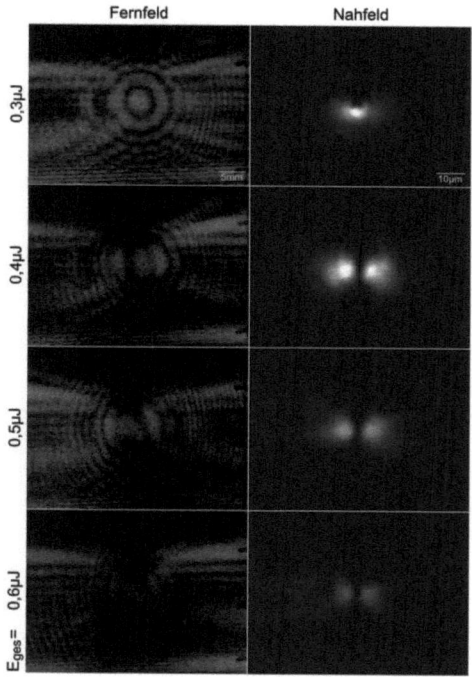

Abb. 8.31: Intensitätsverteilung im Fernfeld (links) und Nahfeld (rechts) von Wellenleitern in Quarzglas für verschiedene Gesamtenergien ($\Delta t = 600\,\text{ps}$, $V_E = 40 : 60$, $NA_{Ob} = 0,6$)

Da für alle gezeigten Bilder dieselben Einstellungen des Lasersystems und der CCD-Kamera verwendet werden, ist ein Vergleich der Intensitätswerte für die verschiedenen Gesamtenergien möglich. Für die Gesamtenergie $E_{ges} = 0,3 - 0,4\,\mu\text{J}$ ist die Führung der Strahlung im Wellenleiter am stärksten ausgeprägt (Abb. 8.31, rechts). Der Anteil der eingekoppelten Strahlung, der im Wellenleiter propagiert und an der Endfacette austritt, ist hierbei am größten. Für $E_{ges} = 0,5 - 0,6\,\mu\text{J}$ wird ein kleinerer

Anteil der eingekoppelten Strahlung durch den Wellenleiter geführt. In allen Fällen sind die lichtführenden Bereiche nahezu kreisförmig, wobei das Maximum der Intensität jeweils in horizontaler Richtung zur geschriebenen Struktur ausgerichtet ist.

Bis auf die folgende Ausnahme weisen die mit Doppelpulsen strukturierten Wellenleiter jeweils maximal zwei lichtführende Bereiche auf. Für die Gesamtenergie $E_{ges} = 0,6\,\mu J$ werden bei einem zeitlichen Abstand von $\Delta t = 2000\,ps$ und dem Energieverhältnis $V_E = 10:90$ zusätzlich zu den zwei beschriebenen, lichtführenden Bereichen zwei weitere Bereiche nachgewiesen, die vertikal zueinander angeordnet sind (vgl. Abb. A.12 im Anhang). Sie befinden sich im Zwischenraum, der für die Wellenleiter der übrigen Verfahrensparameter dunkel bleibt.

Für die Energieverhältnisse $V_E = 50:50$ und $V_E = 60:40$ wird für Doppelpulse die vertikale numerische Apertur für die zeitlichen Abstände $\Delta t = 400 - 800\,ps$ maximal (Abb. 8.32). In beiden Fällen handelt es sich um ein globales Maximum. Die Pulsenergie des ersten Pulses ist $E_{p1} = 0,2\,\mu J$, so dass die Gesamtenergie für $V_E = 50:50\ E_{ges} = 0,4\,\mu J$ und für $V_E = 60:40\ E_{ges} = 0,3\,\mu J$ beträgt. Im Vergleich zu $\Delta t = 0$ für Einzelpulse nimmt die vertikale numerische Apertur von jeweils $NA_v = 0,0098$ auf maximal $NA_v = 0,0122$ für $V_E = 50:50$ und auf $NA_v = 0,0134$ für $V_E = 60:40$ zu (Abb. 8.32).

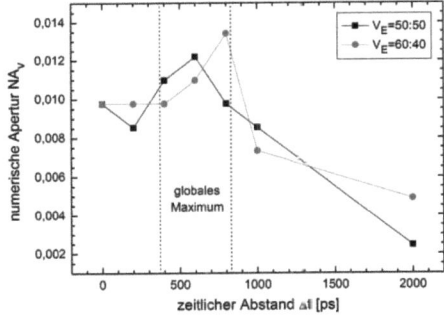

Abb. 8.32: Vertikale numerische Apertur NA_v in Abhängigkeit vom zeitlichen Abstand der Doppelpulse für die Energieverhältnisse $V_E = 50:50;\ 60:40$ ($E_{p1} = 0,2\,\mu J$, $NA_{Ob} = 0,6$)

Die schon bei der Querschnittshöhe beobachtete Abhängigkeit vom zeitlichen Abstand (Abb. 8.24) wird für die vertikale numerische Apertur für denselben Zeitbereich bestätigt. Gemessen an der Querschnittshöhe ist die Ausprägung des Maximums für die Gesamtenergie $E_{ges} = 0,3\,\mu J$ am größten. Ähnlich ausgeprägt ist das Maximum für die vertikale numerische Apertur (Abb. 8.32).

Für eine Gesamtenergie von $E_{ges} = 0,5\,\mu J$ tritt das Maximum der vertikalen numerischen Apertur für $V_E = 50:50$ zwar ebenfalls auf, jedoch sind die absoluten Werte niedriger als für $E_{ges} = 0,3\,\mu J$ (Abb. 8.33).
Auch die Energieverhältnisse $V_E = 10:90 - 30:70$ weisen ein Maximum der vertikalen numerischen Apertur für $\Delta t = 400 - 800\,ps$ auf (Abb. 8.33). Allerdings ist die Intensitätsverteilung im Fernfeld einiger Wellenleiter nicht auswertbar. In der Ebene des Detektionsschirms wird bei der Fernfelddivergenzmessung kein Hauptmaximum beobachtet. Die numerische Apertur wird für diese Wellenleiter

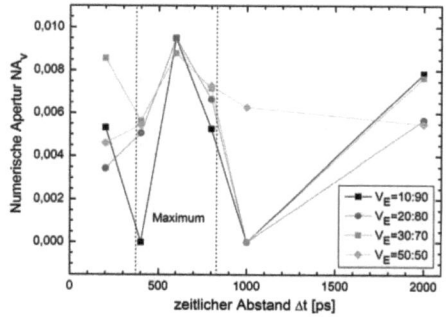

Abb. 8.33: Vertikale numerische Apertur NA_v in Abhängigkeit vom zeitlichen Abstand der Doppelpulse für verschiedene Energieverhältnisse ($E_{ges} = 0,5\,\mu J$, $NA_{Ob} = 0,6$)

analog zum Vorgehen bei D263 mit $NA = 0$ gekennzeichnet (Abb. 8.33).
Insgesamt gesehen liegt für die kleineren Gesamtenergien von $E_{ges} = 0,3 - 0,4\,\mu J$ eine größere vertikale numerische Apertur der Wellenleiter vor.

Zusammenfassung und Schlussfolgerung

Die Untersuchung der lichtführenden Eigenschaften der Wellenleiter zeigen ein kreisförmiges Hauptmaximum im Fernfeld für die Gesamtenergie $E_{ges} = 0,3\,\mu J$ (Abb. 8.31). Für größere Gesamtenergien verschwindet dieses Maximum. Im Nahfeld ist für $E_{ges} = 0,3\,\mu J$ ein einzelner lichtführender Bereich feststellbar. Die Ausbildung einer Mode mit gleicher vertikaler und horizontaler Ausdehnung wird somit für $E_{ges} = 0,3\,\mu J$ beobachtet. Für die Gesamtenergien $E_{ges} = 0,4 - 0,6\,\mu J$ sind zwei lichtführende Bereiche im Nahfeld sichtbar (Abb. 8.31). Wie die mittels Interferenzmikroskopie bestimmten Brechungsindexverteilungen der Wellenleiterquerschnitte zeigen, ist der Bereich positiver Brechungsindexänderung nicht kreisförmig (Abb. 8.27). Stattdessen ist er in horizontaler Richtung hantelförmig ausgedehnt. Dadurch wird die Ausbildung zweier lichtführender Bereiche während der Propagation von Strahlung durch die Wellenleiter erklärt.
Für die Gesamtenergie $E_{ges} = 0,6\,\mu J$ werden für $\Delta t = 2000\,\text{ps}$ und $V_E = 90:10$ insgesamt vier lichtführende Bereiche nachgewiesen (vgl. Abb. A.12 im Anhang). In diesem Wellenleiter werden demnach mehr als zwei Bereiche positiver Brechungsindexänderung induziert. Daher wird für große Gesamtenergien eine Vergrößerung des Betrags positiver Brechungsindexänderung angenommen.
Die Gesamtenergien $E_{ges} = 0,3 - 0,4\,\mu J$ der Energieverhältnisse $V_E = 50:50$ und $V_E = 60:40$ sind für die Erreichung einer großen numerischen Apertur erforderlich. Eine große Querschnittshöhe ist dabei nicht gleichbedeutend mit einer großen numerischen Apertur. Wie mittels Interferenzmikroskopie gezeigt wird, werden im Wellenleiter Bereiche positiver und negativer Brechungsindexänderung erzeugt (Abb. 8.27). Die Größe und der Betrag positiver Brechungsindexänderung, die eine große numerische Apertur zur Folge haben, nehmen nicht zwangsläufig mit steigender Gesamtenergie zu. Im Borosilikatglas D263 wird nur eine leichte Vergrößerung der Bereiche positiver Brechungsindexänderung bei steigender Pulsenergie für $E_p = 0,78 - 1,36\,\mu J$ beobachtet (vgl. Abb. 8.8). Der Betrag der positiven Brechungsindexänderung nimmt zwar zu, allerdings ist die Änderung so klein, dass keine signifikante Auswirkung in den Werten der numerischen Apertur messbar ist (vgl. Abb. 8.10). Bei

einer Vergrößerung der Bereiche negativer Brechungsindexänderung würde die numerische Apertur hingegen konstant bleiben oder sich verringern.

Dämpfungsmessung

Für Einzelpulse beträgt die minimale, nicht-resonante Dämpfung $\alpha = 5,37\,\frac{dB}{cm}$ bei einer Pulsenergie von $E_p = 0,50\,\mu J$. Mit diesem Wert liegt die gemessene Dämpfung eine Größenordnung oberhalb der für das Borosilikatglas D263 bestimmten von $\alpha = 0,62\,\frac{dB}{cm}$.
Die kleinste Dämpfung für die Wellenleiter, die mit Doppelpulsen strukturiert werden, beträgt $\alpha = 0,73\,\frac{dB}{cm}$. Die entsprechenden Verfahrensparameter sind eine Gesamtenergie von $E_{ges} = 0,25\,\mu J$, das Energieverhältnis $V_E = 80:20$ und ein zeitlicher Abstand von $\Delta t = 2000\,ps$. Die Gesamtenergie der Doppelpulse liegt für kleine Dämpfungswerte von $\alpha \leq 2,0\,\frac{dB}{cm}$ zwischen $E_{ges} = 0,14\,\mu J$ und $E_{ges} = 0,40\,\mu J$. Der am häufigsten vertretene, zeitliche Abstand der Doppelpulse beträgt für kleine Dämpfungswerte $\Delta t = 1000\,ps$. Ein bestimmtes Energieverhältnis wird für die Erreichung einer kleinen Dämpfung innerhalb der untersuchten Verfahrensparameter nicht nachgewiesen.

Zusammenfassung und Schlussfolgerung

In Quarzglas wird mit Einzelpulsen kein Wellenleiter mit einer akzeptablen Dämpfung von $\alpha \leq 2,0\,\frac{dB}{cm}$ hergestellt. Durch Streuung und Inhomogenitäten im Wellenleiter wird die propagierende Strahlung herausgebrochen.
Mit Doppelpulsen werden hingegen vergleichbar kleine Dämpfungswerte wie in D263 erreicht. In Quarzglas ist die Strukturierung mit Doppelpulsen demnach im Vergleich zu Einzelpulsen für die Erreichung kleiner Dämpfungswerte vorteilhaft.

8.2.3 Thermische Stabilität

Die Wellenleiter in Quarzglas werden bei $T = 700\,°C$ und $T = 1000\,°C$ jeweils für eine Stunde erhitzt, um die thermische Stabilität der Brechungsindexänderung zu überprüfen. Die gewählten Temperaturen liegen unterhalb der Transformationstemperatur von Quarzglas $T_g = 1510\,°C$ (vgl. Kap. 5.2.2). Mittels Lichtmikroskopie ist in den Querschnitten der Wellenleiter eine leichte Zunahme der Querschnittsfläche mit steigender Temperatur zu beobachten. Außerdem sind der Kontrast und die Schärfe der Strukturen verringert. Eine Aussage über die Qualität der Lichtführung lässt sich anhand der lichtmikroskopischen Aufnahmen jedoch nicht treffen.
Die Fernfelddivergenzmessung wird mit den thermisch behandelten sowie unbehandelten Wellenleitern durchgeführt, um die vertikale numerische Apertur in Abhängigkeit von der Temperatur zu bestimmen. Wird die Temperatur von $T = 20\,°C$ auf $T = 700\,°C$ vergrößert, findet vorwiegend eine Verkleinerung der vertikalen numerischen Apertur für das Energieverhältnis $V_E = 50:50$ und die Gesamtenergie $E_{ges} = 0,36\,\mu J$ statt. Bei dem zeitlichen Abstand $\Delta t = 600\,ps$ reduziert sich die vertikale numerische Apertur von $NA_v = 0,0122$ bei $T = 20\,°C$ auf $NA_v = 0,0083$ bei $T = 700\,°C$ (Abb. 8.35).

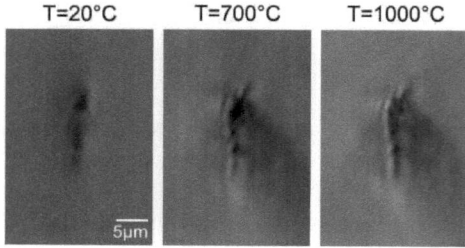

Abb. 8.34: Lichtmikroskopische Aufnahmen von Wellenleiterquerschnitten in Quarzglas bei Raumtemperatur $T = 20\,°C$ und nach jeweils einer Stunde thermischer Behandlung bei $T = 700;\ 1000\,°C$ für Doppelpulse mit $\Delta t = 600\,\text{ps}$ ($E_{ges} = 0{,}36\,\mu\text{J}$, $V_E = 50:50$, $NA_{Ob} = 0{,}6$)

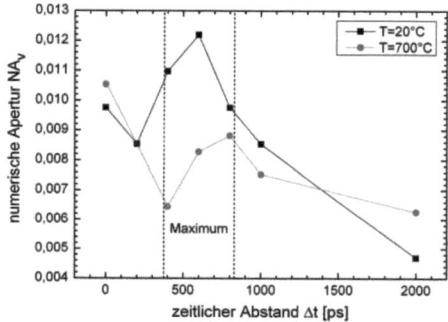

Abb. 8.35: Vertikale numerische Apertur NA_v in Abhängigkeit vom zeitlichen Abstand der Doppelpulse bei Raumtemperatur $T = 20\,°C$ und nach einer Stunde thermischer Behandlung bei $T = 700\,°C$ ($E_{ges} = 0{,}36\,\mu\text{J}$, $V_E = 50:50$, $NA_{Ob} = 0{,}6$)

In Wellenleiter, die für eine Stunde bei $T = 1000\,°C$ erwärmt werden, kann keine Strahlung eingekoppelt werden. Mittels der Fernfelddivergenzmessung wird gezeigt, dass in diesen Wellenleitern kein Licht propagiert und somit keine Lichtführung stattfindet.

Zusammenfassung und Schlussfolgerung

Die durch die Laserstrahlung bei der Strukturierung erzeugten Spannungen im Wellenleiter werden aufgrund der eingebrachten Energie bei der Temperaturbehandlung teilweise zurückgebildet. Mittels Lichtmikroskopie wird ein Verblassen sowie eine Aufweitung in den Abmessungen der Strukturen beobachtet. Die Spannungen sowie der Betrag der Brechungsindexänderung werden reduziert, wodurch eine kleinere vertikale numerische Apertur resultiert. Das globale Maximum der vertikalen numerischen Apertur bei $\Delta t = 600\,\text{ps}$ wird zu einem lokalen Maximum bei $\Delta t = 800\,\text{ps}$. Insgesamt findet im Bereich des Maximums bei $\Delta t = 400 - 800\,\text{ps}$ für $T = 20\,°C$ ein größerer Rückgang der vertikalen numerischen Apertur für $T = 700\,°C$ als für $\Delta t \neq 400 - 800\,\text{ps}$ statt. Dies wird mit der Ausheilung struktureller Defekte im Glas erklärt.

8.2.4 Simulation der Strahlpropagation

Für Wellenleiter in Quarzglas wird die Intensitätsverteilung der geführten, elektromagnetischen Strahlung während der Propagation simuliert. Die für die Simulation zu Grunde gelegte Brechungsindexverteilung wird mittels Interferenzmikroskopie bestimmt. Ausgewählt wird der Wellenleiter, der mit den Verfahrensparametern $\Delta t = 200\,\text{ps}$, $E_{ges} = 0,17\,\mu\text{J}$ und $V_E = 60:40$ strukturiert wird (Abb. 8.36). Für diesen Wellenleiter liegt dem Betrag und der Ausdehnung nach der größte Bereich positiver Brechungsindexänderung vor (vgl. Abb. 8.27). In x-Richtung weist der Bereich positiver Brechungsindexänderung eine Ausdehnung von $l_x = 10,3\,\mu\text{m}$ auf, während die Ausdehnung in y-Richtung $l_y = 6,3\,\mu\text{m}$ beträgt (Abb. 8.36).

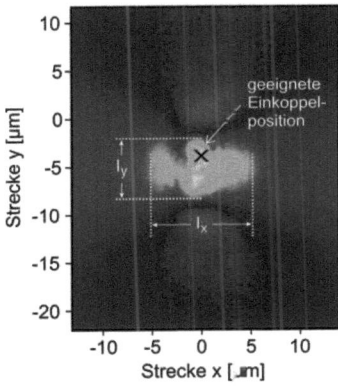

Abb. 8.36: Brechungsindexverteilung und geeignete Einkoppelposition für die Simulation der Strahlpropagation für einen Wellenleiter in Quarzglas ($\Delta t = 200\,\text{ps}$, $E_{ges} = 0,17\,\mu\text{J}$, $V_E = 60:40$, $NA_{Ob} = 0,6$). Die Farbskala entspricht der in Abbildung 8.27 gezeigten.

Die Einkoppelposition wird gemäß eines Gitters mit einem mikrometergroßen Abstand der Gitterpunkte variiert. Für jeden Punkt innerhalb des Bereichs positiver Brechungsindexänderung wird die Einkopplung und Propagation von Laserstrahlung gemäß der semivektoriellen Wellengleichung berechnet. Die Übertragung der Intensitätsverteilung im Nahfeld auf die Intensitätsverteilung im Fernfeld erfolgt gemäß der Helmholtz-Gleichung für freie Propagation (vgl. Gleichung 4.6). Für jede Position wird die Intensitätsverteilung im Fernfeld im Abstand $d = 40\,\text{cm}$ zur Austrittsfacette des Wellenleiters berechnet und die Ausdehnung der geführten Mode analog zur experimentell durchgeführten Fernfelddivergenzmessung (vgl. Kap. 6.2.3) bestimmt. Zusätzlich wird die aus dem Wellenleiter ausgekoppelte, transmittierte Leistung P_f in Relation zur Eingangsleistung P_i und damit die Einkoppeleffizienz $\frac{P_f}{P_i}$ bestimmt. Beide Größen, der Durchmesser der geführten Mode im Fernfeld sowie die normierte Leistung, werden für die verschiedenen Einkoppelpositionen der bestimmten Brechungsindexverteilung berechnet. In horizontaler Richtung liegen die Maxima des Modendurchmessers und der Einkoppeleffizienz bei der Position $x = 0$ der Brechungsindexverteilung des Wellenleiters (Abb. 8.37, links). Dabei ist die x-Achse gemäß Abbildung 8.36 definiert.

Für die y-Position weichen die Maxima des Modendurchmessers und der Einkoppeleffizienz um $\Delta y = 3\,\mu\text{m}$ voneinander ab (Abb. 8.37, rechts). Unter Berücksichtigung der Abhängigkeiten beider Größen von der Einkoppelposition wird daher mit $y = -4\,\mu\text{m}$ eine Position zwischen den beiden Maxima gewählt. Der Modendurchmesser weist bei $y = -4\,\mu\text{m}$ einen nur um 2 % kleineren Wert in Relation zu seinem Maximalwert auf, wohingegen die Einkoppeleffizienz sogar nur um knapp 1 % ihres Maximalwerts sinkt. Somit ergibt sich für die geeignete Einkoppelposition $x = 0$ und $y = -4\,\mu\text{m}$ (Markierung in Abb. 8.36).

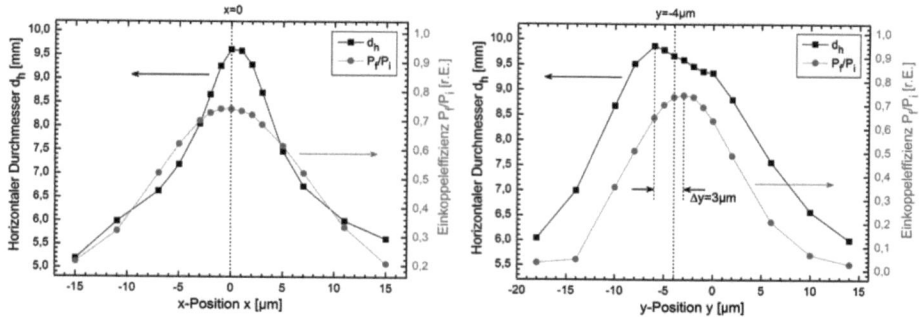

Abb. 8.37: Horizontaler Durchmesser der Fernfeldmode d_h und Einkoppeleffizienz $\frac{P_f}{P_i}$ in Abhängigkeit von der x- (links) und y-Position (rechts) der Einkoppelposition

Die Intensitätsverteilung wird entlang des Wellenleiters in Propagationsrichtung der elektromagnetischen Strahlung für die horizontale und vertikale Ebene parallel zum Wellenleiter bestimmt (Abb. 8.38).

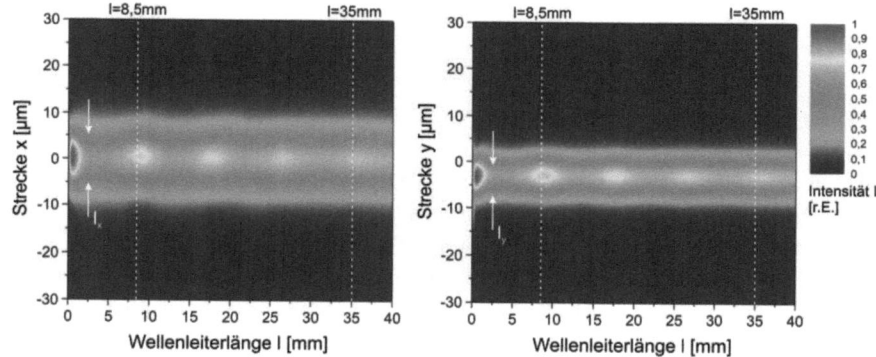

Abb. 8.38: Intensitätsverteilung in horizontaler (links) und vertikaler Richtung (rechts) der geführten Strahlung im Wellenleiter ($\Delta t = 200\,\text{ps}$, $E_{ges} = 0,17\,\mu\text{J}$, $V_E = 60:40$, $NA_{Ob} = 0,6$)

Bei $l = 0$ ist das Intensitätsmaximum der eingekoppelten Laserstrahlung dargestellt. In transversaler Richtung propagiert die Strahlung auch außerhalb des Bereichs positiver Brechungsindexänderung mit der Ausdehnung $l_x \approx 10,3\,\mu\text{m}$ und $l_y \approx 6,3\,\mu\text{m}$ (Abb. 8.36 und 8.38).
Entlang des Wellenleiters ist eine Modulation der Intensität mit mehreren, auftretenden Maxima zu erkennen (Abb. 8.38). Bei steigender Wellenleiterlänge nimmt die Intensität dieser Maxima bis zur Ausbildung einer konstanten Intensität immer weiter ab.

Zusammenfassung und Schlussfolgerung

Die Simulation zeigt, dass sich bei der untersuchten Brechungsindexverteilung ein evaneszentes Wellenfeld außerhalb des eigentlichen Wellenleiters ausbildet. Anhand der veränderlichen Intensitätsverteilung entlang des Wellenleiters wird die dynamische Ausbildung der Mode im Wellenleiter deutlich. Die Eigenmode der eingekoppelten Laserstrahlung wird in die Eigenmode des Wellenleiters überführt. Dies wird durch die Abnahme der Intensitätsmaxima entlang des Wellenleiters belegt und tritt für das untersuchte Beispiel bei $l \gtrsim 35\,\text{mm}$ auf.

Die Wellenleiterlänge in den durchgeführten Experimenten beträgt $l \approx 8,5\,\text{mm}$. Anhand der Simulation wird deutlich, dass sich nach dieser Propagationsstrecke noch keine Eigenmode mit konstanter Intensitätsverteilung im Wellenleiter ausgebildet hat. Im Experiment wird diese Modulation aufgrund einer konstanten Wellenleiterlänge von $l \approx 8,5\,\text{mm}$ nicht nachgewiesen.

8.2.5 Raman-Spektroskopie

Die Wellenleiterquerschnitte in Quarzglas werden mittels Raman-Spektroskopie bei der Anregungswellenlänge $\lambda = 532\,\text{nm}$ untersucht. Grundsätzlich liegt in den aufgenommenen Messdaten ein breites Untergrundspektrum vor. Die spektralen Bande von Gläsern sind breiter als die von Kristallen, wodurch die Identifikation und Interpretation von Intensitätsmaxima erschwert wird [83]. Um die Maxima des Spektrums interpretieren zu können, wird daher das Untergrundspektrum nach der Anpassung einer Exponentialfunktion ($y = A \cdot e^{-x/t}$) subtrahiert und um den Offset c auf der y-Achse verschoben (vgl. Abb. A.5 im Anhang). Anschließend werden die Spektren bezüglich des Intensitätswertes an der Stelle $k = 433,6\,\text{cm}^{-1}$ normiert. Der Intensitätswert dieser Wellenzahl entspricht im unbestrahlten Material dem Maximum des Spektrums.

Die Messungen mittels Raman-Spektroskopie werden an verschiedenen Stellen des Wellenleiterquerschnitts wiederholt, um Veränderungen im Spektrum bestimmen und entsprechenden Schwingungszuständen der Sauerstoffatome zuordnen zu können. Das Raman-Spektrum des Wellenleiters mit den Verfahrensparametern $f = 100\,\text{kHz}$, $E_p = 1,0\,\mu\text{J}$ und $v = 1\,\frac{\text{mm}}{\text{s}}$ wird an den Stellen 1 und 2 gemessen (Abb. 8.39). Als Referenz wird ein Spektrum im unbestrahlten Bereich des Materials mehr als einen Millimeter vom Wellenleiter entfernt aufgenommen und mit *unbestrahlt* bezeichnet.

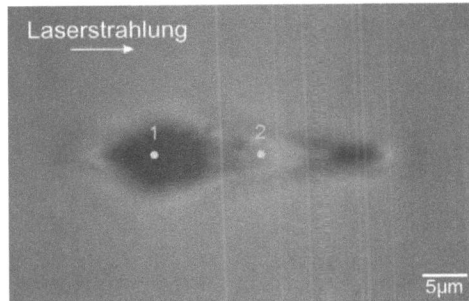

Abb. 8.39: Lichtmikroskopische Aufnahme eines Wellenleiterquerschnitts mit den markierten Stellen für die Raman-Spektroskopie ($f = 100\,\text{kHz}$, $E_p = 1,0\,\mu\text{J}$, $v = 1\,\frac{\text{mm}}{\text{s}}$, $NA_{Ob} = 0,6$)

Da die Wellenzahlen $k = 605\,\text{cm}^{-1}$ und $k = 490\,\text{cm}^{-1}$ der Anregung von drei- und viergliedrigen Ringstrukturen zugeordnet sind (vgl. Kap. 5.1), wird die Abhängigkeit der Intensität besonders bei diesen Wellenzahlen betrachtet. Die zwei Maxima werden im eigenen gemessenen Spektrum für die

Wellenzahlen $k = 603\,\text{cm}^{-1}$ und $k = 490\,\text{cm}^{-1}$ beobachtet (Abb. 8.40) und stimmen damit nahezu mit den Literaturwerten überein [103]. Die Intensität der Maxima ist abhängig von der Position im Wellenleiter.

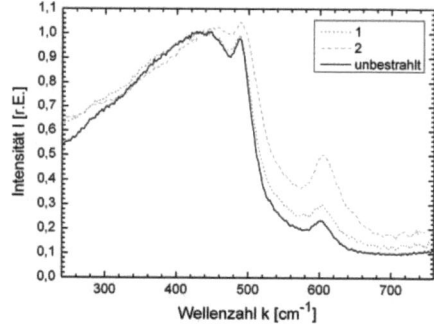

Abb. 8.40: Raman-Spektren an zwei Positionen im Wellenleiter (1 und 2, vgl. Abb. 8.39) und als Referenz im unbestrahlten Material

Das Spektrum im dunklen Bereich des Wellenleiterquerschnitts (Position 1), dem eine negative Brechungsindexänderung entspricht, unterscheidet sich nur wenig von dem Spektrum des unbestrahlten Materials. Die Intensität der Messwerte ist zwar etwas vergrößert, die relative Höhe des Maximums bei $k = 603\,\text{cm}^{-1}$ bleibt aber unverändert. Ein deutlicher Unterschied wird im Raman-Spektrum für Position 2 im Vergleich zum unbestrahlten Material nachgewiesen (Abb. 8.40). Diese Position entspricht dem Bereich mit positiver Brechungsindexänderung im Querschnitt des Wellenleiters (Abb. 8.39). Für die Wellenzahlen $k = 450 - 480\,\text{cm}^{-1}$ ist das Minimum für Position 2 nicht so stark ausgeprägt wie für Position 1 und das unbestrahlte Material. Die Intensitätswerte sind für das Maximum bei $k = 490\,\text{cm}^{-1}$ vergrößert.

Zusammenfassung und Schlussfolgerung

Die Messungen mittels Raman-Spektroskopie zeigen eine deutliche Abhängigkeit der Intensitätswerte von der Position im Wellenleiter bei den Wellenzahlen $k = 490\,\text{cm}^{-1}$ und $k = 603\,\text{cm}^{-1}$ (Abb. 8.40).
Für den mittels Lichtmikroskopie dunkel erscheinenden Bereich negativer Brechungsindexänderung wird nahezu keine Änderung im Vergleich zum unbestrahlten Material festgestellt. Die relative Höhe der Maxima ändert sich nicht, so dass kein Hinweis auf strukturelle Veränderungen in diesem Bereich des Wellenleiterquerschnitts vorliegt.
Eine Vergrößerung der Intensitätswerte ist hingegen für die Wellenzahl $k = 603\,\text{cm}^{-1}$ im Bereich positiver Brechungsindexänderung des Wellenleiterquerschnitts zu beobachten. Damit wird die Zunahme von dreigliedrigen Ringstrukturen aus Silizium- und Sauerstoffatomen im Material nachgewiesen. Auch für die Wellenzahl $k = 490\,\text{cm}^{-1}$ wird eine Vergrößerung des Maximums im Bereich positiver Brechungsindexänderung nachgewiesen, so dass von einer Zunahme der viergliedrigen Ringstrukturen ausgegangen wird.
Durch die Zunahme an drei- und viergliedrigen Ringstrukturen wird das Material verdichtet. Die

positive Brechungsindexänderung im Wellenleiter wird folglich auf eine strukturelle Änderung und damit eine Neuordnung der Silizium- und Sauerstoffatome in Quarzglas zurückgeführt.

Kapitel 9

Analyse der Beiträge von elektronischen und thermischen Prozessen zur Brechungsindexmodifikation

9.1 Elektronische Prozesse

Mittels Femtosekunden-Laserstrahlung werden Brechungsindexmodifikationen im Volumen von Borosilikatglas D263 und Quarzglas induziert und anhand ihrer strukturellen und optischen Eigenschaften auf elektronische Prozesse untersucht. Die für die Strukturierung verwendeten Verfahrensparameter und eingesetzten Analyseverfahren erlauben eine detaillierte Beschreibung der vorliegenden Prozesse. Für die Induzierung elektronischer Prozesse wird eine große numerische Apertur des Mikroskopobjektivs ($NA_{Ob} = 0,6$) verwendet, um möglichst kleine Fokusvolumina zu erhalten. Der Einfluss thermischer Prozesse wird dadurch weitgehend verhindert. Außerdem wird durch die Verwendung von Doppelpulsen und der Variation des zeitlichen Abstandes die zeitliche Resonanz für die Bildung von Defekten ermittelt.

Ob thermische oder ausschließlich elektronische Prozesse für die Brechungsindexmodifikation ursächlich sind, lässt sich ausschließlich durch konventionelle Lichtmikroskopie nicht klären. Elektronische Prozesse werden hingegen mittels Rasterelektronenmikroskopie und dem Auftreten von Nanoplanes nachgewiesen. In Quarzglas werden Nanoplanes mit einer Periode von $\Lambda \approx 300\,nm$ beobachtet (vgl. Abb. 8.26). Geätzte Wellenleiterquerschnitte in D263 weisen hingegen keine Nanoplanes auf (vgl. Abb. 8.7). Aus der Literatur ist diesbezüglich nichts Gegenteiliges bekannt. Daher wird angenommen, dass elektronische Prozesse in D263 nicht zur Bildung von Nanoplanes führen.

Auch die Interferenzmikroskopie liefert Erkenntnisse über die ursächlichen Prozesse der Brechungsindexmodifikation. Für die beiden untersuchten Gläser unterscheiden sich die zweidimensionalen Brechungsindexverteilungen grundlegend. In D263 wird ein Bereich negativer Brechungsindexänderung in vertikaler Richtung von zwei Bereichen positiver Brechungsindexänderung umschlossen (vgl. Abb. 8.8). Für Wellenleiter in Quarzglas sind die Vorzeichen für die Brechungsindexänderungen umgekehrt. Der Bereich positiver Brechungsindexänderung wird von zwei Bereichen negativer Brechungsindexänderung umschlossen (vgl. Abb. 8.27). Im Zentrum der Struktur liegt also ein vergrößerter Brechungsindex vor, der zusätzlich in horizontaler Richtung hantelförmig ausgedehnt ist. Wie mittels der Nahfeldmessung nachgewiesen wird, findet im Zentrum der Struktur und in den hantelförmigen Bereichen der Brechungsindexvergrößerung die Lichtführung statt (vgl. Abb. 8.31).

Insgesamt ist die Modifikation durch die Laserstrahlung stark lokalisiert und weist keinen messbaren, über die Hantelform hinausgehenden Einfluss auf die Lichtführung auf.

Der Bereich positiver Brechungsindexänderung in Quarzglas besteht aus strukturellen Veränderungen der Silizium- und Sauerstoffbindungen in der Glasmatrix. Mittels Raman-Spektroskopie wird eine signifikante Zunahme an drei- und viergliedrigen Ringstrukturen nachgewiesen (vgl. Kap. 8.2.5). Eine durch elektronische Prozesse induzierte Brechungsindexmodifikation ist durch das Vorliegen dieser Defekte charakterisiert. Insgesamt werden im Vergleich zu D263 elektronische Prozesse vorwiegend in Quarzglas beobachtet.

Bei der Verwendung von Doppelpulsen weist die numerische Apertur für die zeitlichen Abstände $\Delta t = 400 - 800\,\text{ps}$ ein deutliches Maximum für das Borosilikatglas D263 und Quarzglas auf (vgl. Abb. 8.15 und 8.32). Des Weiteren ist die numerische Apertur in D263 für die Energieverhältnisse $40 : 60 \leq V_E \leq 60 : 40$ maximal (vgl. Abb. 8.14), obwohl die absorbierte Leistung minimal ist (vgl. Abb. 8.5, rechts). Auch in Quarzglas ist die numerische Apertur für die mittleren Energieverhältnisse maximal (vgl. Abb. 8.32 und 8.33). Der Energieeintrag durch zwei Laserpulse mit nahezu gleicher Pulsenergie und ihr zeitlicher Abstand führen demnach zur Induzierung eines vergrößerten Brechungsindex. Ausschlaggebend für die beobachtete Abhängigkeit der numerischen Apertur vom Energieverhältnis ist also die Verwendung von Doppelpulsen.

Basierend auf den in der Literatur durchgeführten Experimenten und Untersuchungen (vgl. Kap. 4.2.3) wird ein Modell zur Erklärung der beobachteten, vergrößerten Brechungsindexänderung bei der Verwendung von Doppelpulsen erarbeitet. In diesem Modell dienen bereits nachgewiesene Defekte in Quarzglas als Grundlage. Für D263 liegen derart detaillierte Untersuchungen der Defektbildung nicht vor. Da die Abhängigkeit der numerischen Apertur vom zeitlichen Abstand der Doppelpulse mit der für Quarzglas übereinstimmt, wird für D263 die gleiche Theorie zu Grunde gelegt. Der vollständige, experimentelle und theoretische Nachweis für die Übertragbarkeit der Defektbildung von Quarzglas auf D263 steht noch aus.

Grundsätzlich wird die Vergrößerung der numerischen Apertur für die zeitlichen Abstände $\Delta t = 400 - 800\,\text{ps}$ mit der Bildung von zusätzlichen Energieniveaus zwischen Valenz- und Leitungsband erklärt. Die Energieniveaus sind verschiedenen Defekten zugeordnet, die durch die Laserstrahlung induziert werden. Abhängig von dem zeitlichen Abstand der Doppelpulse werden zeitlich stabile Defekte gebildet, die zu einer vergrößerten numerischen Apertur und damit zu einem vergrößerten Brechungsindex im Material führen.

Durch den ersten Laserpuls werden im Material innerhalb von $t = 150\,\text{fs}$ freie Elektronen im Leitungsband erzeugt. Da ein gebundener Elektron-Loch-Zustand energetisch günstiger ist, werden durch den Großteil der Elektronen Exzitonen (STE) gebildet (vgl. Abb. 9.1). Ein kleiner Anteil der Elektronen kann wieder ins Valenzband zurückfallen und strahlend relaxieren. Dieser Prozess findet auf einer Zeitskala von wenigen Pikosekunden statt.

Die Exzitonen relaxieren zu E'-Zentren, die einer positiv geladenen Sauerstofffehlstelle entsprechen (vgl. Abb. 9.1). Die freien Elektronen im Leitungsband, die durch den ersten Puls erzeugt werden, haben eine zu kleine Lebensdauer, um direkt die E'-Zentren bilden zu können. Werden nun zur Lebensdauer der E'-Zentren durch den zweiten Laserpuls weitere freie Elektronen zur Verfügung gestellt, ist die Relaxation des instabilen E'-Zentrums zu einer zeitlich stabilen, neutral geladenen Sauerstofffehlstelle (NBOHC) begünstigt (vgl. Abb. 9.1). Die Dichte der freien Elektronen ist durch den zweiten Puls vergrößert, so dass die E'-Zentren durch Aufnahme eines Elektrons elektrische Neutralität erreichen. Dadurch liegt eine permanente und zeitlich stabile Brechungsindexänderung vor.

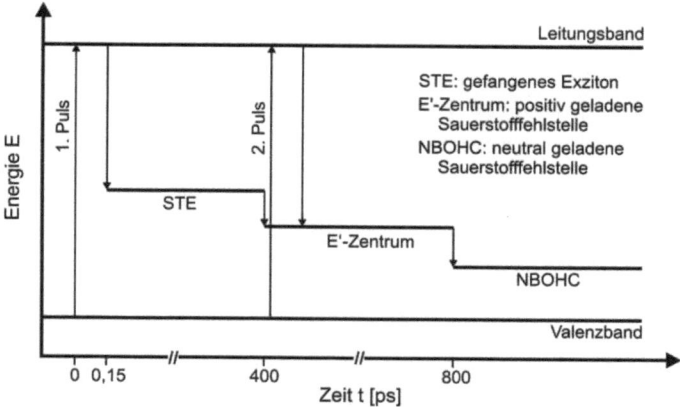

Abb. 9.1: Schematische Darstellung zur Erklärung des Einflusses von Doppelpulsen auf eine durch elektronische Prozesse induzierte Brechungsindexmodifikation

Anhand des gemessenen, zeitlichen Abstandes von $\Delta t = 400 - 800\,\text{ps}$ können nun die Zeitskalen der einzelnen, ablaufenden Prozesse abgeleitet werden. Für die folgende Beschreibung werden die Definitionen $t_1 = 400\,\text{ps}$ und $t_2 = 800\,\text{ps}$ verwendet. Die ermittelten Ergebnisse implizieren die Bildung von E'-Zentren bei $t_1 = 400\,\text{ps}$. Für die Erzeugung der freien Elektronen durch den ersten Laserpuls sowie die Bildung der Exzitonen steht demnach eine Zeit von $t_1 = 400\,\text{ps}$ zur Verfügung. Die Lebensdauer der E'-Zentren wird zu $t_2 - t_1 = 400\,\text{ps}$ ermittelt. Werden innerhalb dieser Zeit weitere freie Elektronen durch den zweiten Laserpuls zur Verfügung gestellt, werden stabile Sauerstofffehlstellen gebildet, die zu einem vergrößerten Brechungsindex im Material führen.

9.2 Thermische Prozesse

In Analogie zu den elektronischen Prozessen wird das Auftreten von thermischen Prozessen bei der Brechungsindexmodifikation anhand der untersuchten Wellenleitereigenschaften identifiziert. Eindeutige Nachweise für eine durch thermische Prozesse induzierte Brechungsindexmodifikation werden durch die Verwendung der Verfahrensparameter einer großen Repetitionsrate $f \geq 0,5\,\text{MHz}$, großer Pulsenergie $E_p > 1\,\mu\text{J}$ und der verschiedenen, eingesetzten Analyseverfahren erhalten.

Mittels konventioneller Lichtmikroskopie wird ebenso wie mittels Interferenzmikroskopie die Ausbildung von in Propagationsrichtung der Laserstrahlung länglich ausgedehnten Wellenleiterquerschnitten nachgewiesen (vgl. Abb. 8.1, 8.8, 8.21 und 8.27). Aufgrund des Energieeintrags im Fokusvolumen entlang der Strahlkaustik kann sich die Wärme in dieser Richtung schneller ausbreiten als in den dazu senkrechten Ebenen. Die Rayleighlänge ist bei den zur Fokussierung verwendeten Mikroskopobjektiven größer als der Strahlradius. Durch den Einfluss sphärischer Aberrationen kann dieser Effekt noch verstärkt werden. Erst bei der Verwendung großer Repetitionsraten ($f > 0,5\,\text{MHz}$) oder großer Pulsenergien ($E_p > 1\,\mu\text{J}$) erfolgt eine merkliche Ausdehnung des Querschnitts in die Ebene senkrecht zur Propagationsrichtung der Laserstrahlung.

Der thermische Prozess der Wärmeakkumulation kann für große Repetitionsraten ($f > 0,5\,\text{MHz}$) eindeutig in der Morphologie der Wellenleiterquerschnitte nachgewiesen werden. Die Querschnittshöhe und -breite nähern sich in ihren absoluten Werten an und kreisförmige Strukturen entstehen. Die Querschnittsmaße der induzierten Struktur sind um ein Vielfaches größer als das Fokusvolumen der verwendeten Laserstrahlung.

In D263 werden thermische induzierte Brechungsindexmodifikationen mit einer inneren und einer äußeren Struktur des Querschnitts für Pulsenergien $E_p > 1,67\,\mu\text{J}$ bei einer Repetitionsrate von $f = 100\,\text{kHz}$ erzeugt (vgl. Abb. 8.1). In Quarzglas werden die Auswirkungen von Wärmeakkumulation erst bei einer Repetitionsrate von $f = 1\,\text{MHz}$ und einer Pulsenergie von $E_p = 0,41\,\mu\text{J}$ sichtbar (vgl. Abb. 8.21). Hierbei ist zur Generierung einer wärmebeeinflussten Zone des Querschnitts ein stetiger Energieeintrag erforderlich. Bei einer Repetitionsrate von $f = 1\,\text{MHz}$ haben die Pulse einen zeitlichen Abstand von $\Delta t = 1\,\mu\text{s}$, was der Phonon-Phonon-Wechselwirkung im Material entspricht. In Quarzglas erfolgt die Modifikation in einem lokaleren Bereich als in D263. Erst bei der Verwendung großer Repetitionsraten kann die Wärme durch Phonon-Phonon-Wechselwirkung in die Bereiche außerhalb des Fokusvolumens transportiert werden.

In D263 bildet sich im Fokusbereich eine negative Brechungsindexänderung aus, die in vertikaler Richtung von zwei Bereichen positiver Brechungsindexänderung umschlossen wird. Dies wird für Einzel- und Doppelpulse gleichermaßen beobachtet (vgl. Abb. 8.8 und 8.9). Für die Pulsenergien $E_{p1} \geq 0,5\,\mu\text{J}$ wird besonders für die Energieverhältnisse $V_E = 50:50$ und $V_E = 60:40$ die zunehmende Ausbildung positiver Brechungsindexänderungen beobachtet. Da sich die eingebrachte Wärme bei kleinen Repetitionsraten von $f < 0,5\,\text{MHz}$ vorwiegend entlang der Propagationsrichtung der Laserstrahlung ausbreitet, bildet sich in dieser Richtung ein Kompressionsdruck aus. Dadurch werden Bereiche mit verdichtetem Material gebildet, die einen vergrößerten Brechungsindex aufweisen. Somit führen induzierte Dichteänderungen zu Spannungen im Material. Diese Spannungen können selbst zu einer lokalen und permanenten Brechungsindexänderung führen. Werden die werkstoffmechanischen Bruchkriterien des Materials erfüllt, bauen sich die induzierten Spannungen durch Risse ab.

Bei der Verwendung von Doppelpulsen treten Risse in beiden untersuchten Gläsern für Gesamtenergien auf, die bei Einzelpulsen nicht zu einer Rissbildung führen (vgl. Abb. 8.25). Für Doppelpulse hängt das Auftreten von Rissen von dem energetischen Anteil an der Gesamtenergie der beiden Laserpulse ab. Bei einer über der Modifikationsschwelle liegenden Pulsenergie des ersten Pulses bilden sich in Quarzglas vermehrt Risse aus, falls die Pulsenergie des zweiten Pulses ebenfalls über der Modifikationsschwelle liegt. Ist die Pulsenergie des ersten Pulses hingegen kleiner als die Modifikationsschwelle und die Brechungsindexmodifikation wird durch den zweiten Puls induziert, treten keine Risse auf, weil das Material vorgewärmt wird. Die Pulsenergie des ersten Pulses würde allein keine permanente Veränderung im Material hervorrufen.

Zusätzlich zur morphologischen und strukturellen Untersuchung der Querschnitte wird die Identifikation von thermischen Prozessen mittels der Intensitätsverteilung im Nahfeld der Wellenleiter durchgeführt. In D263 wird Strahlung für die Repetitionsraten $f \geq 0,5\,\text{MHz}$ entlang der äußeren Struktur geführt, die einer durch Wärme induzierten Brechungsindexänderung entspricht. Charakteristisch ist die Ausbildung mehrerer Moden, die im Wellenleiter propagieren (vgl. Abb. 8.11). Derartige Intensitätsverteilungen im Nahfeld werden in D263, nicht aber in Quarzglas beobachtet.

Nach einer Wärmebehandlung der strukturierten Glasproben wird eine Reduzierung der numerischen Apertur der Wellenleiter beobachtet (vgl. Abb. 8.17 und 8.35). Die in Borosilikatglas D263 und Quarzglas induzierten Defekte heilen durch die eingebrachte Wärme teilweise aus und reduzieren somit die Brechungsindexänderung.

Das Prozessfenster zur Erzeugung einer thermisch induzierten Brechungsindexmodifikation mit wärmebeeinflusster Zone ist in D263 im Vergleich zu Quarzglas wesentlich größer. In D263 wird schon für kleine Repetitionsraten wie $f = 100\,\text{kHz}$ eine wärmebeeinflusste Zone im Querschnitts des Wellenleiters beobachtet, während sie in Quarzglas erst für $f = 1\,\text{MHz}$ auftritt. Zusammenfassend werden eindeutig zu identifizierende, thermische Prozesse im Vergleich zu Quarzglas vor allem in D263 nachgewiesen.

Kapitel 10
Zusammenfassung und Ausblick

Die Strukturierung von Dielektrika mit Femtosekunden-Laserstrahlung ermöglicht eine präzise und flexible Herstellung von optischen Komponenten für zahlreiche Anwendungen in der Integrierten Optik wie beispielsweise die Strahlformung und -führung von Diodenlaserstrahlung. Durch die Fokussierung von Laserstrahlung werden lokale Brechungsindexmodifikationen im Volumen von Gläsern erzeugt, die als Wellenleiter genutzt werden können. Bisher sind die physikalisch ursächlichen elektronischen und thermischen Prozesse zur Induzierung einer Brechungsindexmodifikation nicht unabhängig voneinander untersucht worden. Daher wird in dieser Arbeit das grundlegende Prozessverständnis der Brechungsindexmodifikation mittels einer unabhängigen Analyse elektronischer und thermischer Prozesse erweitert. Abhängig von den verwendeten Verfahrensparametern wird das Auftreten einer elektronisch oder thermisch induzierten Brechungsindexmodifikation begünstigt und somit eine systematische und detaillierte Beschreibung der Prozesse ermöglicht. Im Zuge dessen wird die Strukturierung von Wellenleitern in Gläsern mittels Doppelpulsen erstmalig systematisch über einen großen Bereich ihres zeitlichen Abstandes von $\Delta t = 200 - 2000\,\text{ps}$ untersucht. Die strukturellen und optischen Eigenschaften der Wellenleiter werden ermittelt und mit den für die Brechungsindexmodifikation ursächlichen Prozessen korreliert.

Zur Bestimmung der zweidimensionalen Brechungsindexverteilung im Querschnitt der Wellenleiter wird in der vorliegenden Arbeit Interferenzmikroskopie verwendet. In Borosilikatglas D263 und Quarzglas werden beim einmaligen Verfahren des Fokus mehrere Bereiche negativer und positiver Brechungsindexänderung generiert. Durch die Verwendung der Interferenzmikroskopie wird die Simulation der Strahlpropagation im Wellenleiter mittels bekannter Wellengleichungen erstmals abgestimmt auf die real vorliegende Brechungsindexverteilung ermöglicht.

In den Querschnitten von Wellenleitern in Quarzglas sind Nanoplanes als Ursache einer elektronisch induzierten Brechungsindexmodifikation feststellbar. Außerdem wird mittels Raman-Spektroskopie eine Zunahme an drei- und viergliedrigen Ringstrukturen in der Glasmatrix nachgewiesen, die zu einer Verdichtung des Materials und damit zu einem vergrößerten Brechungsindex führen. Bei der Verwendung von Doppelpulsen mit einem zeitlichen Abstand von $\Delta t = 400 - 800\,\text{ps}$ weisen die Wellenleiter ein lokales Maximum der numerischen Apertur und damit der Brechungsindexänderung auf. Dieser Effekt ist besonders ausgeprägt für die Energieverhältnisse $40:60 \leq V_E \leq 60:40$ und wird in Quarzglas sowie erstmals auch in Borosilikatglas D263 nachgewiesen. Dieser Prozess wird mittels eines erarbeiteten Modells für beide Gläser erklärt, welches die Bildung und Anregung von Defekten mit Energieniveaus zwischen Valenz- und Leitungsband zeitabhängig beschreibt. Die Zeitskalen der ablaufenden Prozesse und somit auch die Lebensdauer der gebildeten Defekte einer durch elektronische Prozesse induzierten Brechungsindexänderung werden bestimmt.

Thermische Prozesse treten im Vergleich zu Quarzglas vorwiegend in D263 auf. In der Intensitätsverteilung im Nahfeld der Wellenleiter, die mit Repetitionsraten $f \geq 0,5\,\text{MHz}$ strukturiert werden, ist die Ausbildung radial periodisch geführter Moden erkennbar (vgl. Abb. 8.11, unten). Die Strahlführung findet in der durch Wärmeakkumulation hervorgerufenen Brechungsindexänderung in der äußeren Struktur des Wellenleiterquerschnitts statt. Charakteristisch für thermische Prozesse ist die Ausbildung eines kreisförmigen Wellenleiterquerschnitts, der den Bereich des Fokusvolumens der Laserstrahlung um ein Vielfaches übersteigt. Unter thermischer Behandlung der Wellenleiter wird eine Reduzierung der numerischen Apertur der Wellenleiter und damit der induzierten Brechungsindexänderung nachgewiesen.

Basierend auf den durchgeführten Untersuchungen und dem erarbeiteten Modell einer elektronisch induzierten Brechungsindexmodifikation wird die zukünftige Verfahrensentwicklung für die Herstellung von Wellenleitern und weiteren, optischen Komponenten beschleunigt. Die Übertragbarkeit des Modells einer elektronisch induzierten Brechungsindexmodifikation von Quarzglas auf D263 wird nachgewiesen. Somit ist zumindest die qualitative Übertragbarkeit des Modells auf andere Gläser wahrscheinlich und durch weiterführende Experimente verifizierbar.

Die Anforderungen an die Eigenschaften der Wellenleiter für optische Komponenten müssen für den jeweiligen Anwendungsbereich ermittelt und die Verfahrensparameter für die Strukturierung entsprechend optimiert werden. Beispielsweise kann eine quantitative Verfahrensentwicklung im Hinblick auf eine Reduzierung der Dämpfung sowie eine Vergrößerung der Brechungsindexänderung im Wellenleiter durchgeführt werden. Die größtmögliche Flexibilität für die Herstellung wellenleitender Strukturen ist durch die direkte Modifikation des Brechungsindex mit diesem Laserfertigungsverfahren gegeben. Kompakte, optische Bauteile mit einem hohen Maß an Integration können auf diese Weise mit großer Präzision realisiert werden. In Kombination mit schnellen Scannern können hochrepetitierende Lasersysteme zukünftig in der industriellen Fertigung wellenleitender und optischer Komponenten eingesetzt werden.

Literaturverzeichnis

[1] E. Hering, R. Martin. Photonik: Grundlagen, Technologie und Anwendung. *Springer-Verlag Berlin Heidelberg*, (2006).

[2] J. Jahns. Photonik: Grundlagen, Komponenten und Systeme. *Oldenbourg Verlag München*, (2001).

[3] J. B. MacCesney, D. J. DiGiovanni. Materials development of optical fiber. *J. Am. Ceram. Soc.*, 73 (12): S. 3537–56, (1990).

[4] D. Esser, D. Mahlmann, D. Wortmann, J. Gottmann. Interference microscopy of femtosecond laser written waveguides in phosphate glass. *Appl. Phys. B*, 96 (2-3): S. 453–457, (2009).

[5] K. Minoshima, A. M. Kowalevicz, I. Hartl, E. P. Ippen, J. G. Fujimoto. Photonic device fabrication in glass by use of nonlinear materials processing with a femtosecond laser oscillator. *Opt. Lett.*, 26 (19): S. 1516–1518, (2001).

[6] T. Tamaki, W. Watanabe, H. Nagai, M. Yoshida, J. Nishii, K. Itoh. Structural modification in fused silica by a femtosecond fiber laser at 1558nm. *Opt. Expr.*, 14 (15): S. 6971–6980, (2006).

[7] R. Osellame, N. Chiodo, G. D. Valle, S. Taccheo, R. Ramponi, G. Cerullo, A. Killi, U. Morgner, M. Lederer, D. Kopf. Optical waveguide writing with a diode-pumped femtosecond oscillator. *Opt. Lett.*, 29 (16): S. 1900–1902, (2004).

[8] E. N. Glezer, M. Milosavljevic, L. Huang, R. J. Finlay, T.-H. Her, J. P. Callan, E. Mazur. 3-D optical storage inside transparent materials. *Opt. Lett.*, 21 (24): S. 2023–2025, (1996).

[9] K. M. Davis, K. Miura, N. Sugimoto, K. Hirao. Writing waveguides in glass with a femtosecond laser. *Opt. Lett.*, 21 (21): S. 1729–1731, (1996).

[10] K. O. Hill, Y. Fujii, D. C. Johnson, B. S. Kawasaki. Photosensitivity in optical fiber waveguides: Application to reflection filter fabrication. *Appl. Phys. Lett.*, 32 (10): S. 647–649, (1978).

[11] G. Meltz, W. W. Morey, W. H. Glenn. Formation of bragg gratings in optical fibers by a transverse holographic method. *Opt. Lett.*, 14 (15): S. 823–825, (1989).

[12] E. N. Glezer, E. Mazur. Ultrafast-laser driven micro-explosions in transparent materials. *Appl. Phys. Lett.*, 71 (7): S. 882–884, (1997).

[13] C. Florea, K. A. Winick. Fabrication and characterization of photonic devices directly written in glass using femtosecond laser pulses. *J. Lightw. Techn.*, 21 (1): S. 246–253, (2003).

[14] C. Voigtländer, D. Richter, J. Thomas, A. Tünnermann, S. Nolte. Inscription of high contrast volume bragg gratings in fused silica with femtosecond laser pulses. *Appl. Phys. A*, 102 (1): S. 35–38, (2011).

[15] M. Will, J. Burghoff, S. Nolte, A. Tünnermann. Detailed investigations on femtosecond induced modifications in crystalline quartz for integrated optical applications. *Proc. SPIE*, 5714 : S. 261–270, (2005).

[16] V. R. Bhardwaj, P. B. Corkum, D. M. Rayner, C. Hnatovsky, E. Simova, R. S. Taylor. Stress in femtosecond-laser-written waveguides in fused silica. *Opt. Lett.*, 29 (12): S. 1312–1314, (2004).

[17] K. Miura, J. Qiu, H. Inouye, T. Mitsuyu, K. Hirao. Photowritten optical waveguides in various glasses with ultrashort pulse laser. *Appl. Phys. Lett.*, 71 (23): S. 3329–3331, (1997).

[18] M. Ams, G. D. Marshall, M. J. Withford. Study of the influence of femtosecond laser polarisation on direct writing of waveguides. *Opt. Expr.*, 14 (26): S. 13158–13163, (2006).

[19] T. Nagata, M. Kamata, M. Obara. Optical waveguide fabrication with double pulses femtosecond lasers. *Appl. Phys. Lett.*, 85 (251103): S. 1–3, (2005).

[20] D. Beckmann, D. Schnitzler, D. Schaefer, J. Gottmann, I. Kelbassa. Beam shaping of laser diode radiation by waveguides with arbitrary cladding geometry written with fs-laser radiation. *Opt. Expr.*, 19 (25): S. 25418–25425, (2011).

[21] S. Taccheo, G. D. Valle, R. Osellame, G. Cerullo, N. Chiodo, P. Laporta, O. Svelto. Er:Yb-doped waveguide laser fabricated by femtosecond laser pulses. *Opt. Lett.*, 29 (22): S. 2626–2628, (2004).

[22] G. D. Valle, S. Taccheo, R. Osellame, A. Festa, G. Cerullo, P. Laporta. 1.5 μm single longitudinal mode waveguide laser fabricated by femtosecond laser writing. *Opt. Expr.*, 15 (6): S. 3190–3194, (2007).

[23] J. Siebenmorgen, T. Calmano, K. Petermann, G. Huber. Highly efficient Yb:Yag channel waveguide laser written with a femtosecond-laser. *Opt. Expr.*, 18 (15): S. 16035–16041, (2010).

[24] Y. Kondo, K. Noucci, T. Mitsuyu, M. Watanabe, P. G. Kazansky, K. Hirao. Fabrication of long-period fiber gratings by focused irradiation of infrared femtosecond laser pulses. *Opt. Lett.*, 24 (10): S. 646–648, (1999).

[25] R. Martínez-Vazquez, R. Osellame, G. Cerullo, R. Ramponi, O. Svelto. Fabrication of photonic devices in nanostructured glasses by femtosecond laser pulses. *Opt. Expr.*, 15 (20): S. 12628–12635, (2007).

[26] Y. Sikorski, A. A. Said, P. Bado, R. Maynard, C. Florea, K. A. Winick. Optical waveguide amplifier in Nd-doped glass written with near-IR femtosecond laser pulses. *Elec. Lett.*, 36 (3): S. 226–227, (2000).

[27] A. M. Streltsov, N. F. Borrelli. Fabrication and analysis of a directional coupler written in glass by nanojoule femtosecond laser pulses. *Opt. Lett.*, 26 (1): S. 42–43, (2001).

[28] D. Homoelle, S. Wielandy, A. L. Gaeta, N. F. Borrelli, C. Smith. Infrared photosensitivity in silica glasses exposed to femtosecond laser pulses. *Opt. Lett.*, 24 (18): S. 1311–1313, (1999).

[29] H.-B. Sun, Y. Xu, S. Matsuo, H. Misawa. Microfabrication and characteristis of two-dimensional photonic crystal structures in vitreous silica. *Opt. Rev.*, 6 (5): S. 396–398, (1999).

[30] H.-B. Sun, Y. Xu, S. Juodkazis, K. Sun, M. Watanabe, S. Matsuo, H. Misawa, J. Nishii. Arbitrary-lattice photonic crystals created by multiphoton microfabrication. *Opt. Lett.*, 26 (6): S. 325–327, (2001).

[31] D. Beckmann, D. Esser, J. Gottmann. Characterization of channel waveguides in Pr:YLiF$_4$ crystals fabricated by direct femtosecond laser writing. *Appl. Phys. B*, 104 (3): S. 619–624, (2011).

[32] R. Osellame, M. Lobino, N. Chiodo, M. Marangoni, G. Cerullo, R. Ramponi, H. T. Bookey, R. R. Thomson, N. D. Psaila, A. K. Kar. Femtosecond laser writing of waveguides in periodically poled lithium niobate preserving the nonlinear coefficient. *Appl. Phys. Lett.*, 90 (24): S. 241107–1–3, (2007).

[33] D. Maxein, K. Buse. Interaction of femtosecond laser pulses with lithium niobate crystals: Transmission changes and refractive index modulations. *J. Hologr. and Speck.*, 5 (3): S. 1–5, (2009).

[34] I. Miyamoto, K. Cvecek, M. Schmidt. Evaluation of nonlinear absorptivity in internal modification of bulk glass by ultrashort laser pulses. *Opt. Expr.*, 19 (11): S. 10714–10727, (2011).

[35] J. W. Chan, T. R. Huser, S. H. Risbud, J. S. Hayden, D. M. Krol. Waveguide fabrication in phosphate glasses using femtosecond laser pulses. *Appl. Phys. Lett.*, 82 (15): S. 2371–2373, (2003).

[36] J. W. Chan, T. R. Huser, S. H. Risbud, D. M. Krol. Modification of the fused silica glass network associated with waveguide fabrication using femtosecond laser pulses. *Appl. Phys. A*, 76 (3): S. 367–372, (2003).

[37] M. Sakakura, M. Terazima, Y. Shimotsuma, K. Miura, K. Hirao. Observation of pressure wave generated by focusing a femtosecond laser pulse inside glass. *Opt. Expr.*, 15 (9): S. 5674–5686, (2007).

[38] H. Zhang, S. M. Eaton, P. R. Herman. Single-step writing of bragg grating wavgeuides in fused silica with an externally modulated femtosecond fiber laser. *Opt. Lett.*, 32 (17): S. 2559–2561, (2007).

[39] P. R. Herman, H. Zhang. Ultrashort-pulsed laser direct writing of strong bragg grating waveguides in bulk glasses. *Proc. OFC/NFOEC*, pages S. 1–3, (2008).

[40] C. B. Schaffer, A. Brodeur, E. Mazur. Laser-induced breakdown and damage in bulk transparent materials induced by tightly focused femtosecond laser pulses. *Meas. Sci. Technol.*, 12 : S. 1784–1794, (2001).

[41] E. Hecht. Optik. *Oldenbourg Verlag München*, (5. Auflage), (2009).

[42] W. Karthe, R. Müller. Integrierte Optik. *Akademische Verlagsgesellschaft Geest und Portig K.-G.*, (1. Auflage): S. 31, (1991).

[43] G. Herziger, R. Poprawe. Lasertechnik I. *Lehrstuhl für Lasertechnik, RWTH Aachen University*, (2. Auflage), (1998).

[44] D. Meschede. Optik, Licht und Laser. *Vieweg+Teubner*, (3. Auflage), (2008).

[45] M. L. Stock, L. Shah, B. Liu, M. Yoshida, F. Yoshino, J. Bovatsek, A. Arai. Optimized precision micromachining using commercially-available high-repetition rate, microjoule femtosecond fiber lasers. *Proc. SPIE*, 6108 : S. 61080Q–1–9, (2006).

[46] A. Szameit, S. Nolte. Discrete optics in femtosecond-laser-written photonic structures. *J. Phys. B: At. Mol. Opt. Phys.*, 43 (16): S. 163001–1–25, (2010).

[47] D. Ashkenasi, H. Varel, A. Rosenfeld, S. Henz, J. Herrmann, E. E. B. Cambell. Application of self-focusing of ps laser for three-dimensional microstructuring of transparent materials. *Appl. Phys. Lett.*, 72 (12): S. 1442–1444, (1998).

[48] A. L. Gatea. Catastrophic collapse of ultrashort pulses. *Phys. Rev. Lett.*, 84 (16): S. 3582–3585, (2000).

[49] S. L. Chin, S. A. Hosseini, W. Liu, Q. Luo, F. Théberge, N. Aközbek, A. Becker, V. P. Kandidov, O. G. Kosareva, H. Schroeder. The propagation of powerful femtosecond laser pulses in optical media: physics, applications and new challenges. *Can. J. Phys.*, 83 (9): S. 863–905, (2005).

[50] E. Voges, K. Petermann. Optische Kommunikationstechnik. *Springer Berlin Heidelberg*, 1. Auflage, (2002).

[51] C. Schaffer, A. Brodeur, J. F. García, E. Mazur. Micromachining bulk glass by use of femtosecond laser pulses with nanojoule energy. *Opt. Lett.*, 26 (2): S. 93–95, (2001).

[52] M. J. Soileau, W. E. Williams, M. Mansour, E. W. van Stryland. Laser-induced damage and the role of self-focusing. *Opt. Eng.*, 28 (10): S. 1133–1144, (1989).

[53] N. Bloembergen. Laser-induced electric breakdown in solids. *IEEE J. Quant. Elect.*, QE10 (3): S. 375–386, (1974).

[54] M. Bass, E. W. Van Stryland, D. R. Williams, W. L. Wolfe. Handbook of Optics: Devices, measurements & properties. *McGrall-Hill*, Volume II (2. Auflage), (1995).

[55] E. T. J. Nibbering, M. A. Franco, B. S. Prade, G Grillon, C. Le Blanc, A. Mysyrowicz. Measurement of the nonlinear refractive index of transparent materials by spectral analysis after nonlinear propagation. *Opt. Comm.*, 119 (5-6): S. 479–484, (1995).

[56] E. N. Glezer. Ultrafast electronic and structural dynamics in solids. *Doktorarbeit*, Harvard University, (1996).

[57] E. Yablonovitch, N. Bloembergen. Avalanche ionization and the limiting diameter of filaments induced by light pulses in transparent media. *Phys. Rev. Lett.*, 29 (4): S. 907–910, (1972).

[58] M. Rodriguez, R. Bourayou, G. Méjean, J. Kasparian, J. Yu, E. Salmon, A. Scholz, B. Stecklum, J. Eislöffel, U. Laux, A. P. Hatzes, R. Sauerbrey, L. Wöste, J.-P. Wolf. Kilometer-range nonlinear propagation of femtosecond laser pulses. *Phys. Rev. E*, 69 (3): S. 036607, (2004).

[59] A. Brodeur, C. Y. Chien, F. A. Ilkov, S. L. Chin, O. G. Kosareva, and V. P. Kandidov. Moving focus in the propagation of ultrashort laser pulses in air. *Opt. Lett.*, 22 (5): S. 304–306, (1997).

[60] D. Esser, S. Rezaei, J. Li, P. R. Herman, J. Gottmann. Time dynamics of burst-train filamentation assisted femtosecond laser machining in glasses. *Opt. Expr.*, 19 (25): S. 25632–25642, (2011).

[61] L. Sudrie, M. Franco, E. Prade, A. Mysyrowicz. Study of damage in fused silica induced by ultra-short IR laser pulses. *Opt. Comm.*, 191 : S. 333–339, (2001).

[62] Q. Sun, H. Jiang, Y. Liu. Y. Zhou, H. Yang, Q. Gong. Effect of spherical aberration on the propagation of a tightly focused femtosecond laser pulse inside fused silica. *J. Opt. A*, 7 : S. 655–659, (2005).

[63] I. N. Bronstein, K. A. Semendjajew, G. Musiol, H. Mühlig. Taschenbuch der Mathematik. *Verlag Harri Deutsch, Thun und Frankfurt am Main*, (5. Auflage), (2001).

[64] J. B. Ashcom. The role of focusing in the interaction of femtosecond laser puslses with transparent materials. *Dissertation, Harvard University, Cambridge Massachusetts*, (2003).

[65] T. D. Visser, S. H. Wiersma. Spherical aberration and the electromagnetic field in high-aperture systems. *J. Opt. Soc. Am. A*, 8 (9): S. 1404–1410, (1991).

[66] A. E. Siegman. Lasers. *University Science Books*, (1986).

[67] A. Horn. Zeitaufgelöste Analyse der Wechselwirkung von ultrakurz gepulster Laserstrahlung mit Dielektrika. *Dissertation, Lehrstuhl für Lasertechnik, RWTH Aachen University*, (2003).

[68] R. Stoian, M. Boyle, A. Thoss, A. Rosenfeld, G. Korn, I. V. Hertel, E. E. B. Cambell. Laser ablation of dielectrics with temporally shaped femtosecond pulses. *Appl. Phys.*, 80 : S. 353–355, (2002).

[69] D. Du, X. Liu, G. Korn, J. Squier, G. Mourou. Laser-induced breakdown by impact ionization in SiO_2 with pulse widths from 7ns to 150fs. *Appl. Phys. Lett.*, 64 (23): S. 3071–3073, (1994).

[70] A. Vogel, J. Noack, G. Hüttmann, G. Paltauf. Mechanisms of femtosecond laser nanosurgery of cells and tissues. *Appl. Phys. B*, 81 : S. 1015–1047, (2005).

[71] M. Lenzner, J. Krüger, S. Sartania, Z. Cheng, C. Spielmann, G. Mourou, W. Kautek, F. Krausz. Femtosecond optical breakdown in dielectrics. *Phys. Rev. Lett.*, 80 (18): S. 4076–4079, (1998).

[72] J. Chan, T. Huser, J. Hayden, S. H. Risbud, D. M. Krol. Fluorescence spectroscopy of color centers generated in phosphate glass after exposure to femtosecond laser pulses. *J. Am. Ceram. Soc.*, 85 (5): S. 1037–1040 (2002).

[73] P. Audebert, P. Daguzan, A. Dos Santos, J. C. Gauthier, J. P. Geindre, S. Guizard, G. Hamoniaux, K. Krastev, P. Martin, G. Petite, A. Antonetti. Space-time observation of an electron gas in SiO_2. *Phys. Rev. Lett.*, 73 (14): S. 1990–1993, (1994).

[74] F. Quéré, S. Guizard, P. Martin, G. Petite, O. Gobert, P. Meynadier, M. Perdrix. Ultrafast carrier dynamics in laser-excited materials: subpicosecond optical studies. *Appl. Phys. B*, 68 (3): S. 459–463, (1999).

[75] S. Guizard, P. Martin, G. Petite, P. D'Oliveira, P. Meynadier. Time resolved study of laser-induced color centres in SiO_2. *J. Phys.: Condens. Matter*, 8 : S. 1281–1290, (1996).

[76] A. J. Fisher, W. Hayes, A. M. Stoneham. Theory of the structure of the self-trapped exciton in quartz. *J. Phys.: Condens. Matt.*, 2 (32): S. 6707–6720, (1990).

[77] M. Kamata, T. Nagata, M. Obara. Waveguide fabrication in transparent materials by use of temporally tailored multiple femtosecond pulses. *SPIE*, 5448 : S. 773–782, (2004).

[78] J. B. Lonzaga, S. M. Avanesyan, S. C. Langford, J. T. Dickinson. Color center formation in soda-lime glass with femtosecond laser pulses. *J. Appl. Phys.*, 94 (7): S. 4332–4340, (2003).

[79] A. J. Fisher, W. Hayes, A. M. Stoneham. Structure of the self-trapped exciton in quartz. *Phys. Rev. Lett.*, 64 (22): S. 2667–2670, (1990).

[80] S. Ismail-Beigi, S. G. Louie. Self-trapped excitons in silicon dioxide: Mechanism and properties. *Phys. Rev. Lett.*, 95 (156401): S. 156401-1–4, (2005).

[81] K. Tanimura, T. Tanaka, N. Itoh. Creation of quasistable lattice defects by electronic excitation in SiO_2. *Phys. Rev. Lett.*, 51 (5): S. 423–426, (1983).

[82] J. Song, R. M. VanGinhoven, L. R. Corales, H. Jonsson. Self-trapped excitons at the quartz (0001) surface. *Faraday discussions*, 117 : S. 303–311, (2000).

[83] L. Skuja, H. Hosono, M. Hirano. Laser-induced color centers in silica. *SPIE*, 4347 : S. 155–168, (2001).

[84] K. L. Yip, W. B. Fowler. Electronic structure of E_1' centers in SiO_2. *Phys. Rev. B*, 11 (6): S. 2327–2338, (1975).

[85] S. Juodkazis, M. Watanabe, H.-B. Sun, S. Matsuo, J. Nishii, H. Misawa. Optically induced defects in vitreous silica. *Appl. Surf. Sci*, 154 : S. 696–700, (2000).

[86] W. J. Reichman, D. M. Krol, L. Shah, F. Yoshino, A. Arai, S. M. Eaton, P. R. Herman. A spectroscopic comparison of femtosecond-laser-modified fused silica using kilohertz and megahertz laser systems. *J. Appl. Phys.*, 99 (12): S. 123112-1–5, (2006).

[87] R. Wagner. Erzeugung von periodischen Subwellenlängen-Strukturen und Wellenleitern in Dielektrika mit Laserstrahlung ultrakurzer Pulsdauer. *Dissertation, Lehrstuhl für Lasertechnik, RWTH Aachen University*, (2008).

[88] O. Varlamova, F. Costache, J. Reif, M. Bestehorn. Self-organized pattern formation upon femtosecond laser ablation by circularly polarized light. *Appl. Surf. Sci.*, 252 (13): S. 4702–4706, (2006).

[89] C. Hnatovsky, R.S. Taylor, E. Simova, V.R. Bhardwaj, D.M. Rayner, P.B. Corkum. Polarization-selective etching in femtosecond laser-assisted microfluidic channel fabrication in fused silica. *Opt. Lett.*, 30 (14): S. 1867–1869, (2005).

[90] J. Gottmann, R. Wagner. Sub-wavelength ripple formation on dielectric and metallic materials induced by tightly focused femtosecond laser radiation. *SPIE*, 6106 : S. 61061R-1–10, (2006).

[91] V. Bhardwaj, E. Simova, P. P. Rajeev, C. Hnatovsky, R. S. Taylor, D. M. Rayner, P. B. Corkum. Optically produced arrays of planar nanostructures inside fused silica. *Phys. Rev. Lett.*, 96 (5): S. 057404-1–4, (2006).

[92] X. R. Zhang, X. Xu, A. M. Rubenchik. Simulation of microscale densification during femtosecond laser processing of dielectric materials. *Appl. Phys. A*, 79 : S. 945–948, (2004).

[93] N. Kitamura, K. Fukumi, K. Kadono, H. Yamashita, K. Suito. Reflection spectra of dense amorphous SiO_2 in vakuum-uv region. *Phys. Rev. B*, 50 : S. 132–135, (1994).

[94] R. R. Gattass, L. R. Cerami, and E. Mazur. Micromachining of bulk glass with bursts of femtosecond laser pulses at variable repetition rates. *Opt. Expr.*, 14 (24): S. 5279–5284, (2006).

[95] S. M. Eaton, H. Zhang, P. R. Herman, F. Yoshino, L. Shah, J. Bovatesk, A. Y. Arai. Heat accumulation effects in femtosecond laserwritten waveguides with variable repetition rate. *Opt. Expr.*, 13 (12): S. 4708–4716, (2005).

[96] S. M. Eaton, H. Zhang, M. L. Ng, J. Li, W.-J. Chen, S. Ho, P. R. Herman. Transistion from thermal diffusion to heat accumulation in high repetition rate femtosecond laser writing of buried optical waveguides. *Opt. Expr.*, 16 (13): S. 9443–9458, (2008).

[97] C. Kittel. Einführung in die Festkörperphysik. *Oldenbourg Verlag München*, (6. Auflage), (1983).

[98] A. E. Geissberger, F. L. Galeener. Raman studies of vitreous SiO_2 versus fictive temperature. *Phys. Rev. B*, 28 (6): S. 3266–3271, (1983).

[99] R. Brückner. Properties and structure of vitreous silica. *J. non-cryst. solids*, 5 : S. 123–175, (1970).

[100] A. Kubota, M.-J. Caturla, L. Davila, J. Stolken, B. Sadigh, A. Quong. Structural modifications in fused silica due to laser damage induced shock compression. *Proc. SPIE*, 4679 : S. 108–116, (2002).

[101] A. Pasquarello, R. Car. Identification of raman defect lines as signatures of ring structures in vitreous silica. *Phys. Rev. Lett.*, 80 (23): S. 5145–5147, (1998).

[102] F. L. Galeener, J. C. Mikkelsen. Vibrational dynamics in ^{18}O-substituted vitreous SiO_2. *Phys. Rev. B*, 23 (10): S. 5527–5530, (1981).

[103] J. W. Chan, T. Huser, S. Risbud, D. M. Krol. Structural changes in fused silica after exposure to focused femtosecond laser pulses. *Opt. Lett.*, 26 (21): S. 1726–1728, (2001).

[104] M. Letz, H.-H. Gundelach, H. Wegener. Kondensator und Verfahren zur Herstellung eines solchen. *Patent*, WO 2010/091847 A1, (19.08.2010).

[105] J. Tauc. Optical properties and electronic structure of amorphous Ge and Si. *Mater. Res. Bull.*, 3 (1): S. 37–46, (1968).

[106] Schott AG. Spezifikationen: Physikalische und chemische Eigenschaften D263. *Datenblatt*, (2007).

[107] Heraeus. Suprasil standard commercial grade. *Datasheet*, (2008).

[108] E. P. O'Reilly, J. Robertson. Theory of defects in vitreous silicon dioxide. *Phys. Rev. B*, 27 (6): S. 3780–3795, (1983).

[109] K. Awazu, H. Kawazoe. Strained si-o-si bonds in amorphous SiO_2 materials: A familiy member of active centers in radic, photo and chemical responses. *J. Appl. Phys.*, 94 (10): S. 6243–6262, (2003).

[110] C. E. Mortimer. Chemie - Das Basiswissen der Chemie. *Georg Thieme Verlag Stuttgart*, (7. Auflage), (2001).

[111] E. T. Lagally, P. C. Simpson, R. A. Mathies. Monolithic integrated microfluidic DNA amplification and capillary electrophoresis analysis system. *Sens. Actuat. B*, 63 (3): S. 138–146, (2000).

[112] I. Miyamoto, A. Horn, J. Gottmann, D. Wortmann, I. Mingareev, F. Yoshino, M. Schmidt, P. Bechtold, Y. Okamoto, Y. Uno, T. Herrmann. Novel fusion welding technology of glass using ultrashort pulse lasers. *Proc. ICALEO*, M304 , (2008).

[113] D. Strickland, G. Mourou. Compression of amplified chirped optical pulses. *Opt. Comm.*, 56 (3): S. 219–221, (1985).

[114] H. Endert, A. Galvanauskas, G. Sucha, R. Patel, M. Stock. Novel ultrashort pulse fiber lasers for micromachining applications. *Proc. LPM*, (43): S. 23–27, (2002).

[115] A. Mermillod-Blondin, I. M. Burakov, Y. P. Meshcheryakov, N. M. Bulgakova, E. Audouard, A. Rosenfeld, A. Husakou, I. V. Hertel, R. Stoian. Flipping the sign of re-fractive index changes in the ultrafast and temporally shaped laser-irradiated borosilicate crown optical glass at high repetition rates,. *Phys. Rev. B*, 77 : S. 104205-1–8, (2008).

[116] A. Rosenfeld, D. Ashkenasi, H. Varel, M. Wähmer, E. E. B. Campbell. Time resolved detection of particle removal from dielectrics on femtosecond laser ablation. *Appl. Surf. Sc.*, 127-129 : S. 76–80, (1998).

[117] R. Taylor, C. Hnatovsky, E. Simova. Applications of femtosecond laser induced self-organized planar nanocracks inside fused silica glass. *Laser and Photon. Rev.*, 2 (1-2): S. 26–46, (2008).

[118] T. Tomita, K. Kinoshita, S. Matsuo, S. Hashimoto. Effect of surface roughening on femtosecond laser-induced ripple structures. *Appl. Phys. Lett.*, 90 (15): S. 153115-1–3, (2007).

[119] H. R. Reiss. Unsuitability of the Keldysh parameter for laser fields. *Phys. Rev. A*, 82 (2): S. 57–63, (2010).

[120] M. Fox. Optical properties of solids. *Oxford Master Series in Condensed Matter Physics, Oxford University Press*, (2. Auflage), (2010).

[121] K. Creath. Comparison of phase-measurement algortihms. *SPIE*, 680 : S. 19–28, (1986).

Symbolverzeichnis

a	Temperaturleitfähigkeit
α	Dämpfungskoeffizient, Absorptionskoeffizient
α_t	thermischer Ausdehnungskoeffizient
$b_{a,i}$	äußere, innere Querschnittsbreite
β	Extinktionskoeffizient
β_{mn}	Phasenausbreitungskonstante
B	magnetisches Feld
c	Konzentration
c_0	Lichtgeschwindigkeit
c_s	Schallgeschwindigkeit
c_p	spezifische Wärmekapazität
d	Abstand, Fokussiertiefe
d_{Korn}	Korngröße
δ	Partialladung
e	Elementarladung
ε_0	elektrische Feldkonstante
E	elektrisches Feld
E_p	Pulsenergie
E_{ges}	Gesamtenergie der Doppelpulse
$E_{p1,p2}$	Pulsenergie des ersten, zweiten Pulses der Doppelpulse
E_{Photon}	Photonenenergie
ΔE	Bandlücke
f	Repetitionsrate
$\Delta \Phi$	Phasendifferenz
g	Gitterkonstante
γ_k	Keldysh-Parameter
$h_{a,i}$	äußere, innere Querschnittshöhe
I	Intensität
k	Wellenzahl
k_0	Kreiswellenzahl
κ	Wärmeleitfähigkeit
l	Länge
λ	Wellenlänge
Λ	Periode
m^*	reduzierte Masse
m_e	Masse des Elektrons
m_l	Masse des Lochs

m_b	Steigung der Querschnittsbreite
m_h	Steigung der Querschnittshöhe
M^2	Beugungsmaßzahl
n	Brechungsindex
Δn	Brechungsindexänderung
NA	numerische Apertur
NA_{Ob}	numerische Apertur des Mikroskopobjektivs
$NA_{v,h}$	vertikale, horizontale numerische Apertur
P	Leistung
P_{abs}	absorbierte Leistung
$r_{v,h}$	vertikaler, horizontaler Radius des Intensitätsmaximums
ρ	Dichte
s	Spinquantenzahl
σ	Fehler
t	Zeit
Δt	zeitlicher Abstand der Doppelpulse
τ	Lebensdauer
τ_p	Pulsdauer
θ	Winkel
T	Temperatur
T_f	fiktive Temperatur
T_g	Transformationstemperatur
v	Verfahrgeschwindigkeit
V	Volumen
V_E	Energieverhältnis der Doppelpulse
$2w_0$	Strahldurchmesser
ω	Frequenz
χ	Elektronegativität
χ_e	Suszeptibilität
z_R	Rayleighlänge
E'-Zentrum	positiv geladene Sauerstofffehlstelle
NBOHC	neutral geladene Sauerstofffehlstelle (engl. non-bridging-oxygen-hole-center)
STE	gefangenes Exziton (engl. self-trapped-exciton)
TEM_{mn}	transversal-elektromagnetische Mode

A Anhang

A.1 Sphärische Aberration

Der Abbildungsfehler der sphärischen Aberration führt zu einer Unschärfe des Fokus. Achsenferne und achsennahe Strahlen haben keinen gemeinsamen Brennpunkt, wodurch sich die Kaustik der Strahlung verbreitet (Abb. A.1). Bei positiver sphärischer Aberration schneiden die achsenfernen Strahlen die optische Achse räumlich vor den achsennahen Strahlen.

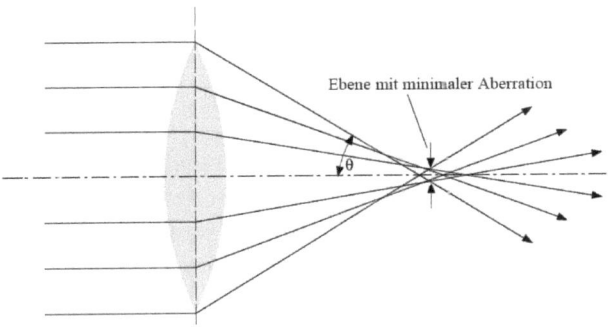

Abb. A.1: Positive sphärische Aberration, nach [43]

Liegt der geometrische Fokus der Strahlen im Umgebungsmedium Luft mit $n_0 = 1$ bei z', so wird der Fokus nach Brechung an der Materialoberfläche auf den Wert $z_0 = \frac{n}{n_0} z'$ verschoben (Abb. A.2). Aufgrund der sphärischen Aberration (Abb. A.1) wird der Fokus in Propagationsrichtung der Strahlung um den Wert Δz verlängert (Gleichung 4.15). Achsenferne Strahlen treffen am Punkt z_2 auf die optische Achse, wodurch sich eine Fokusverlängerung um den Wert $\Delta z = |z_2 - z_0|$ ergibt.

Normalerweise sind Mikroskopobjektive für die Fokussiertiefe $d = 170\,\mu$m entsprechend der Deckglasdicke für Mikroskopiepräparate [51] und den Brechungsindex $n = 1{,}518$ korrigiert. Für diese Werte tritt der Abbildungsfehler der sphärischen Aberration nicht auf. Bei der Verwendung von Materialien mit abweichendem Brechungsindex und der Strukturierung in abweichender Tiefe kann die sphärische Aberration mittels eines Korrekturrings durch die Veränderung der Linsenabstände in Mikroskopobjektiven vorkompensiert werden. Die Einstellung des Korrekturrings muss vor der Strukturierung entsprechend der gewählten Werte berechnet werden.

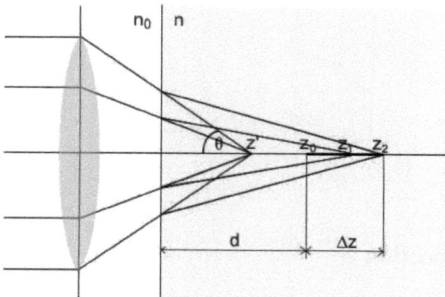

Abb. A.2: Fokusverlängerung Δz aufgrund des Abbildungsfehlers der sphärischen Aberration

A.2 Keldysh-Parameter

Um das Auftreten von Multiphotonenabsorption und Tunnelionisation quantitativ voneinander unterscheiden zu können, wurde der Keldysh-Parameter definiert [40]:

$$\gamma_k = \frac{\omega}{e} \sqrt{\frac{m^* c_0 \, n \, \varepsilon_0 \, \Delta E}{I}} \qquad (A.1)$$

Hierbei beschreibt ω die Frequenz der Laserstrahlung, e die Elementarladung, c_0 die Lichtgeschwindigkeit im Vakuum, n den Brechungsindex des Materials, ε_0 die elektrische Feldkonstante, ΔE die Bandlücke und I die Intensität der Laserstrahlung im Fokus. Die reduzierte Masse des Elektron-Loch-Paares wird mit m^* bezeichnet, wobei folgender Zusammenhang zwischen der Masse des Elektrons m_e und der Masse des Lochs m_l besteht:

$$m^* = \frac{m_e \, m_l}{m_e + m_l} \qquad (A.2)$$

Bei einem Keldysh-Parameter von $\gamma_k = 1,5$ sind die Beiträge der Multiphotonenabsorption und die der Tunnelionisation zur Photoionisationsrate gleich (Abb. A.3). Tunnelionisation tritt für $\gamma_k < 1,5$ auf, wohingegen Multiphotonenabsorption für $\gamma_k > 1,5$ überwiegt. Diese Abschätzung gilt nach neueren Untersuchungen allerdings nur für quasistatische Felder und nicht zu große Feldenergien [119].

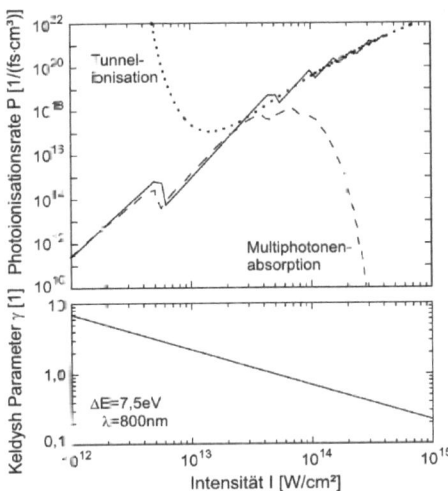

Abb. A.3: Photoionisationsrate und Keldysh-Parameter in Abhängigkeit von der Intensität der Laserstrahlung mit der Wellenlänge $\lambda = 800\,\text{nm}$ in Quarzglas, nach [40]

A.3 Singulett- und Triplett-Zustand

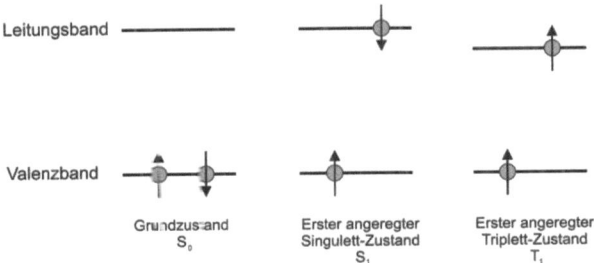

Abb. A.4: Schematische Darstellung des ersten angeregten Singulett- und Triplett-Zustandes, nach [120]

A.4 Mikroskopobjektive

Da der Durchmesser der Laserstrahlung der verwendeten Lasersysteme $d = 5\,\text{mm}$ beträgt, wird die freie Apertur des verwendeten Mikroskopobjektivs mit dem Durchmesser $d > 5\,\text{mm}$ nicht vollständig ausgeleuchtet. Dadurch reduziert sich die numerische Apertur NA_{Ob} auf die genutzte numerische Apertur NA_g. Für das Objektiv Leica 20x / 0,4 ergibt sich eine genutzte numerische Apertur von $NA_g = 0,25$ (Tab. A.1). Bei der Bezeichnung der numerischen Apertur wird in dieser Arbeit die Beschriftung des Mikroskopobjektivs NA_{Ob} verwendet.

Mikroskopobjektiv	Vergrößerung	NA_{Ob}	NA_g	$2\omega_0$ [μm]	$2z_R$ [μm]
Leica HCX PL FL L	20x	0,4	0,25	2,66	10,10
Zeiss LD Achroplan	40x	0,6	0,6	1,77	4,49
Leica HCX PL FL L	63x	0,7	0,7	1,52	3,30

Tab. A.1: Kenngrößen der verwendeten Mikroskopobjektive. Die Berechnung des Fokusdurchmessers $2\omega_0$ sowie der Rayleighlänge $2z_R$ wird für das Lasersystem μJewel durchgeführt ($\lambda = 1043$ nm, $M^2 = 1,6$).

A.5 Optische Phasendifferenz

Für die Bestimmung der zweidimensionalen Brechungsindexverteilung von Wellenleiterquerschnitten wird der Phasenunterschied Φ zwischen Objekt- und Referenzstrahlengang schrittweise um $\pi/2$ verändert. Mit der Gleichung für die Intensitätsverteilung

$$I(x,y) = I_0(x,y)[1 + \gamma \cdot cos(\Phi(x,y))] \tag{A.3}$$

mit der Hintergrundintensität I_0 und der Modulationskonstante γ ergibt sich mit der eingestellten Phasenverschiebung $\alpha_i = 0, \frac{1}{2}\pi, \pi, \frac{3}{2}\pi$ folgendes Gleichungssystem:

$$I_i(x,y) = I_0(x,y)[1 + \gamma \cdot cos(\Phi(x,y) - \alpha_i)] \tag{A.4}$$

Mit der Vier-Schritt-Methode [121] wird die Phasendifferenz $\Phi(x,y)$ anhand von vier gemessenen Intensitätsverteilungen ortsaufgelöst bestimmt:

$$\Delta\Phi(x,y) = arctan\left(\frac{I_4(x,y) - I_2(x,y)}{I_1(x,y) - I_3(x,y)}\right) \tag{A.5}$$

Mit Kenntnis der Dicke der Struktur l wird mittels

$$\Delta n(x,y) = \frac{\Delta\Phi(x,y)}{l} \tag{A.6}$$

die Brechungsindexverteilung in zwei Raumdimensionen berechnet.

A.6 Raman-Spektroskopie

Das Fluoreszenzspektrum wird vom ursprünglich gemessenen Ramanspektrum subtrahiert, indem für große Wellenzahlen eine Exponentialfunktion der Form $y = A \cdot e^{-x/t}$ an die Messwerte angepasst und anschließend abgezogen wird (Abb. A.5, 1). Dann wird eine Gerade mit der Steigung Null für große Wellenzahlen angepasst und ebenfalls von den ursprünglichen Messwerten abgezogen (Abb. A.5, 2). Im letzten Schritt wird für den Vergleich mehrerer Spektren untereinander die Spektren auf das Maximum des Spektrums im unbehandelten Zustand ($k = 433\,\text{cm}^{-1}$) normiert (Abb. A.5, 3).

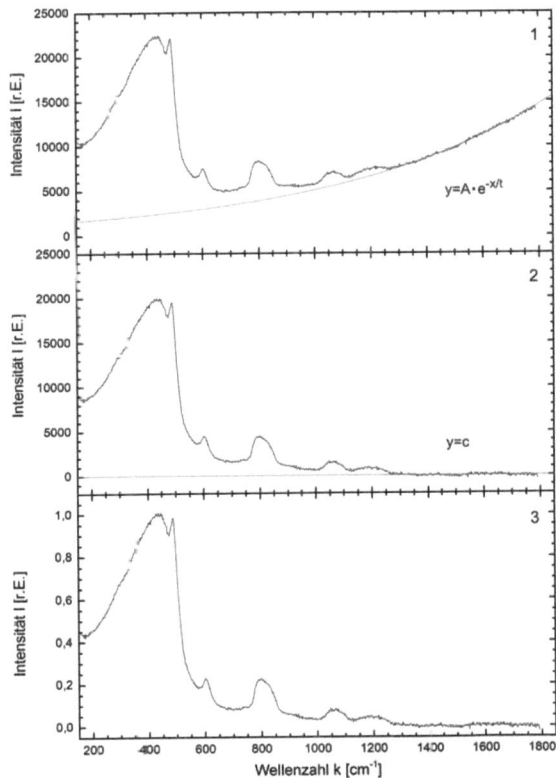

Abb. A.5: Vorgehensweise bei der Auswertung der gemessenen Raman-Spektren in drei Schritten

A.7 Zusätzliche Ergebnisse von Wellenleitern in D263

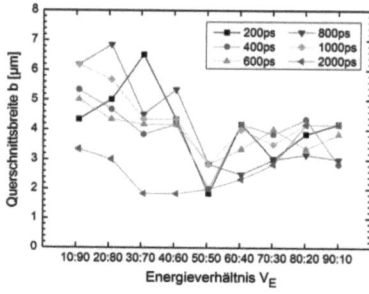

Abb. A.6: Querschnittsbreite b in Abhängigkeit vom Energieverhältnis V_E für Doppelpulse in D263 ($E_{ges} = 0{,}75\,\mu\text{J}$, $NA_{Ob} = 0{,}4$)

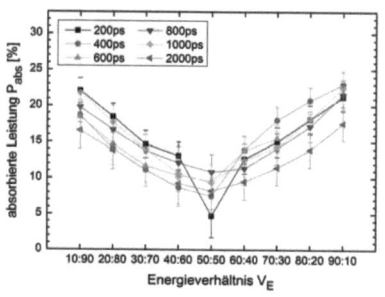

Abb. A.7: Absorbierte Leistung in Abhängigkeit vom Energieverhältnis für $E_{ges} = 0{,}60\,\mu\text{J}$ (links) bzw. $E_{ges} = 0{,}90\,\mu\text{J}$ (rechts) für Doppelpulse in D263 ($NA_{Ob} = 0{,}4$)

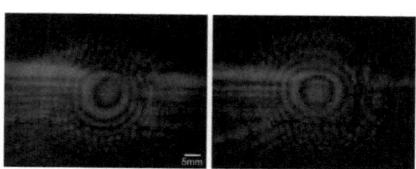

Abb. A.8: Intensitätsverteilung im Fernfeld des unteren (links) und oberen (rechts) Bereichs des Wellenleiters ($f = 100\,\text{kHz}$, $E_p = 0{,}778\,\mu\text{J}$, $v = 1\,\frac{\text{mm}}{\text{s}}$)

A.8 Zusätzliche Ergebnisse von Wellenleitern in Quarzglas

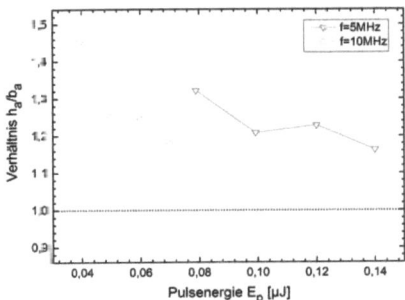

Abb. A.9: Verhältnis von äußerer Querschnittshöhe und -breite in Abhängigkeit von der Pulsenergie für die Repetitionsraten $f = 5$; 10 MHz in Quarzglas ($v = 1\,\frac{mm}{s}$, $NA_{Ob} = 0{,}7$, $\lambda = 1030\,\text{nm}$) (vgl. Abb. 8.22)

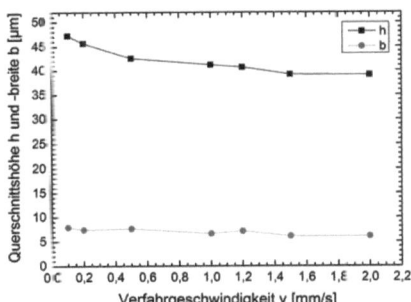

Abb. A.10: Querschnittshöhe und -breite in Abhängigkeit von der Verfahrgeschwindigkeit für Einzelpulse in Quarzglas ($f = 100\,\text{kHz}$, $E_p = 1{,}2\,\mu\text{J}$, $NA_{Ob} = 0{,}4$, $\lambda = 1030\,\text{nm}$)

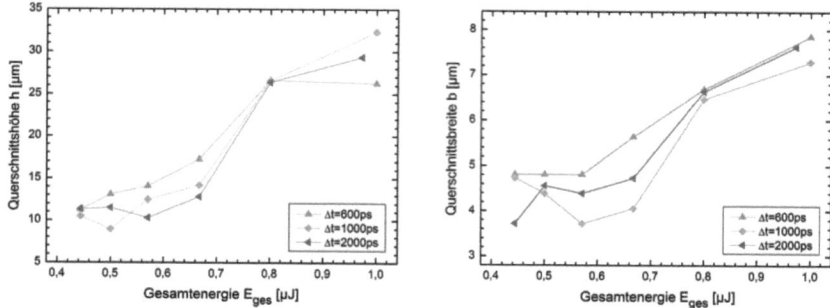

Abb. A.11: Querschnittshöhe und -breite in Abhängigkeit von der Gesamtenergie für verschiedene zeitliche Abstände der Doppelpulse in Quarzglas ($E_{p1} = 0,4\,\mu J$, $NA_{Ob} = 0,6$)

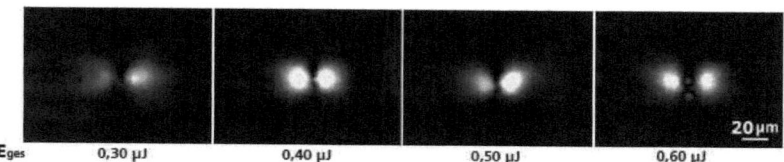

Abb. A.12: Intensitätsverteilung im Nahfeld der Wellenleiter für verschiedene Gesamtenergien in Quarzglas ($\Delta t = 2000\,\text{ps}$, $V_E = 10:90$, $NA_{Ob} = 0,6$)

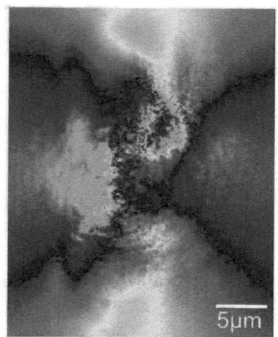

Abb. A.13: Brechungsindexverteilung für einen Wellenleiter in Quarzglas ($\Delta t = 200\,\text{ps}$, $E_{ges} = 0,72\,\mu J$, $V_E = 50:50$, $NA_{Ob} = 0,6$)

A.9 Verfahrensparameter für die Strukturierung von Wellenleitern

Energie-verhältnis V_E [1]	Gesamtenergie E_{ges} [μJ]	*Pulsenergie des ersten Pulses* E_{p1} [μJ]	Pulsenergie des zweiten Pulses E_{p2} [μJ]
30:70	1,00	*0,30*	0,70
40:60	0,75	*0,30*	0,45
50:50	0,60	*0,30*	0,30
60:40	0,50	*0,30*	0,20
70:30	0,43	*0,30*	0,13
80:20	0,38	*0,30*	0,08
90:10	0,33	*0,30*	0,03
40:60	1,25	*0,50*	0,75
50:50	1,00	*0,50*	0,50
60:40	0,83	*0,50*	0,33
70:30	0,71	*0,50*	0,21
80:20	0,63	*0,50*	0,13
90:10	0,56	*0,50*	0,06
50:50	1,40	*0,70*	0,70
60:40	1,17	*0,70*	0,47
70:30	1,00	*0,70*	0,30
80:20	0,88	*0,70*	0,18
90:10	0,78	*0,70*	0,08

Tab. A.2: Beispielhafter Auszug aus den Verfahrensparametern für eine konstante Pulsenergie des ersten Pulses E_{p1} (kursiv). Die zur Verfügung stehenden Pulsenergien des Lasersystems µJewel sind für die in der Tabelle fehlenden Energieverhältnisse nicht ausreichend.

Energie-verhältnis V_E [1]	*Gesamtenergie* E_{ges} [µJ]	Pulsenergie des ersten Pulses E_{p1} [µJ]	Pulsenergie des zweiten Pulses E_{p2} [µJ]
10:90	*0,60*	0,06	0,54
20:80	*0,60*	0,12	0,48
30:70	*0,60*	0,18	0,42
40:60	*0,60*	0,24	0,36
50:50	*0,60*	0,30	0,30
60:40	*0,60*	0,36	0,24
70:30	*0,60*	0,42	0,18
80:20	*0,60*	0,48	0,12
90:10	*0,60*	0,54	0,06
10:90	*0,75*	0,08	0,68
20:80	*0,75*	0,15	0,60
30:70	*0,75*	0,23	0,53
40:60	*0,75*	0,30	0,45
50:50	*0,75*	0,38	0,38
60:40	*0,75*	0,45	0,30
70:30	*0,75*	0,53	0,23
80:20	*0,75*	0,60	0,15
90:10	*0,75*	0,68	0,08
10:90	*0,90*	0,09	0,81
20:80	*0,90*	0,18	0,72
30:70	*0,90*	0,27	0,63
40:60	*0,90*	0,36	0,54
50:50	*0,90*	0,45	0,45
60:40	*0,90*	0,54	0,36
70:30	*0,90*	0,63	0,27
80:20	*0,90*	0,72	0,18
90:10	*0,90*	0,81	0,09

Tab. A.3: Beispielhafter Auszug aus den Verfahrensparametern für eine konstante Gesamtenergie E_{ges} (kursiv)

i want morebooks!

Buy your books fast and straightforward online - at one of world's fastest growing online book stores! Environmentally sound due to Print-on-Demand technologies.

Buy your books online at
www.get-morebooks.com

Kaufen Sie Ihre Bücher schnell und unkompliziert online – auf einer der am schnellsten wachsenden Buchhandelsplattformen weltweit! Dank Print-On-Demand umwelt- und ressourcenschonend produziert.

Bücher schneller online kaufen
www.morebooks.de

VDM Verlagsservicegesellschaft mbH
Heinrich-Böcking-Str. 6-8   Telefon: +49 681 3720 174   info@vdm-vsg.de
D - 66121 Saarbrücken   Telefax: +49 681 3720 1749 www.vdm-vsg.de

Printed by Books on Demand GmbH, Norderstedt / Germany